高光色性能的白光LED光谱设计与封装优化

Spectra Design and Packaging Optimization for White Light-emitting Diodes with High Luminous Efficiency and Color Performance

罗小兵　张晶晶　谢　斌　著

科 学 出 版 社

北　京

内 容 简 介

本书从白光 LED 的光谱设计与封装出发，立足于解决当前高光色质量的白光 LED 设计与制造中存在的关键性难点。全书分为 6 章，分别是白光 LED 简介、高显色性能的白光 LED 光谱优化、针对人体生物安全性的 LED 光谱优化方法、考虑物体表面反射特性的节能光源光谱优化、高光学性能的白光 LED 光学建模和高光学性能的白光 LED 封装优化。

本书可作为高等院校光电类相关专业研究生和高年级本科生的参考书，也可供从事光学设计和电子封装设计工作的科技人员参考。

图书在版编目（CIP）数据

高光色性能的白光LED光谱设计与封装优化=Spectra Design and Packaging Optimization for White Light-emitting Diodes with High Luminous Efficiency and Color Performance/ 罗小兵，张晶晶，谢斌著. —北京：科学出版社，2017.12

ISBN 978-7-03-055709-4

Ⅰ. ①高… Ⅱ. ①罗… ②张… ③谢… Ⅲ. ①发光二极管－照明设计 ②发光二极管－封装工艺 Ⅳ. ①TN383.02 ②TN383.059.4

中国版本图书馆CIP数据核字（2017）第293621号

责任编辑：范运年 / 责任校对：桂伟利

责任印制：张 伟 / 封面设计：铭轩堂

科 学 出 版 社 出版

北京东黄城根北街 16 号

邮政编码：100717

http://www.sciencep.com

北京建宏印刷有限公司 印刷

科学出版社发行 各地新华书店经销

*

2017 年 12 月第 一 版 开本：720 × 1000 1/16

2019 年 3 月第三次印刷 印张：9 1/2

字数：200 000

定价：138.00 元

（如有印装质量问题，我社负责调换）

前　　言

发光二极管已经被广泛应用于各种背光源、景观照明、特种照明等场合，并且在室内通用照明市场占据了一席之地。为了实现这些照明场合特别是室内照明场合所需的高光色性能的白光照明，需要将多种不同发光光谱的LED芯片或荧光材料封装在同一个模块内。在这个过程中，如何设计各个光谱分量的能量分布与比例，以及如何实现高光学效率、高颜色品质和高稳定性的封装，是直接阻碍白光LED发展的技术难题。

本书由6章组成。第1章为绪论，介绍了白光LED的市场应用前景，以及目前面临的阻碍其进入通用照明领域的光谱问题，从显色性、光生物安全性、照明中的光能浪费三个方面重点综述了白光LED光谱优化国内外研究现状，剖析了现有方法的不足，介绍了本书的基本研究思路和技术路线。第2章研究面向高显色性的光谱优化方法，首先分析传统CRI显色指数、CQS指数在白光LED显色性评价方面的优缺点；随后建立面向高显色性的白光LED光谱优化方法，获得了具有高CRI、高CQS、高光视效能、色温大范围可调的白光LED光谱；最后制造了由蓝绿黄红四色LED构成的LED模块，验证了仿真结果的有效性。第3章提出了低蓝光危害的光谱优化方法，首先测试了日常生活中常用的八种照明光源光谱，分析了相应的潜在蓝光危害；其次基于惩罚函数的遗传算法，建立了低蓝光危害、高光视效能、高显色指数的白光LED光谱优化方法，并分析比较了红光量子点掺杂与红光荧光粉掺杂两种提升显色性的LED光谱模型在蓝光危害上的表现；最后建立了宽司辰节律因子可调的白光LED光谱优化方法，并进行了封装设计。第4章研究了基于物体反射率特性的节能光谱优化方法，首先提出一种有效的节能效率指标以评估优化光源相较于参考光源的节能效果；其次分别针对单色、多色物体，在色差约束下，提出一种光谱优化方法以实现最大节能效率；最后分析节能效率受参考光源、反射率特性、色差约束的影响。第5章对白光LED的荧光材料进行了光学建模，首先基于双积分球测试系统和反向倍加算法，建立了白光LED中荧光材料的光学模型；其次以红色量子点为材料，制备了量子点薄膜样品，验证了光学模型的准确性；最后以黄色量子点为材料，制备了量子点白光 LED 样品，并对量子点白光 LED 封装体进行了建模与分析。第 6 章以高光学效率和高光学稳定性为目的，对白光 LED 进行了封装优化，首先探究了荧光粉与量子点薄膜的封装次序和封装结构对器件发光效率和工作温度的影响；其次利用二氧化硅散射颗粒掺杂量子点薄膜实现了高光学转化效率的荧光材料；最后基于量子点/硅氧烷复合材料，提出了分离式封装结构，进一步提高了白光 LED 的发光效率和光学稳定性。

本书由罗小兵，张晶晶和谢斌合著。罗小兵撰写第 1、5 章，张晶晶撰写第 2～4 章，罗小兵和谢斌共同撰写第 6 章。本书的出版，得到了国家自然科学基金(51625601、61604135)的资助。

由于作者水平有限，书中不妥和疏漏之处在所难免，望广大专家和读者批评指正。

作　者

2017 年 10 月

目　　录

第1章 绪　　论

1.1　背景与研究意义

发光二极管(lightemitting diode，LED)是Ⅲ-Ⅴ族化合物半导体PN结通过正向电流时，利用半导体材料中的电子和空穴发生带间跃迁辐射复合而发出光子的发光器件[1]。1997年，日本的Nakamura等采用高亮度的蓝光LED芯片与黄色荧光粉($Y_3A1_5O_{12}$：Ce^{3+}，YAG)相结合，成功制造出世界上第一只白光LED[2]，并于1998年作为商用照明光源推向市场，为实现白光LED在照明领域的普及应用奠定了基础。经过20多年的快速发展，随着对PN结结构[3-5]和工艺技术[6-8]的持续改进和创新，LED的光效得到极大的提升。2002年白光LED的发光效率刚超过20lm/W，2008年就达到了100lm/W，到2010年，大功率白光LED芯片光效突破了208lm/W[9]。在2014年3月27日，美国科锐(Cree)公司宣布白光功率型LED实验室发光光效(luminous efficacy，LE)达到303lm/W，再度树立LED行业里程碑[10]。

作为一种新型固态照明光源，与传统的白炽灯、卤钨灯和荧光灯光源相比，白光LED具有节能环保、体积小、寿命长、抗震动、瞬时启动等诸多优点[10]。传统的日光灯管中充有汞蒸汽，灯管破裂后汞会挥发到空气中，对身体健康带来极大的危害，大量的汞也会破坏环境。LED产品不含汞，对环境无污染。更重要的是，相比传统光源而言，白光LED具有更高的光效。如果全球50%的照明光源被LED取代，那么每年可节省照明电费1000亿美元，减少大气污染物排放3.5×10^8t[13]，对于节能减排、保护环境具有非常重要的意义。因此，白光LED被视为21世纪的绿色照明光源[14-16]，受到各国政府和跨国公司极大的重视。为了推动LED产业的发展，美国提出了“国家半导体照明计划”，欧盟提出“彩虹计划”，韩国政府也斥资5亿美元实施“GaN半导体发光计划”[17]。我国也提出了“国家半导体照明工程”，并于2009年推出了“十城万盏”半导体照明应用示范工程。目前，我国共有上海、西安等21个城市和北京、宝鸡等16个城市分别被确认为第一批、第二批“十城万盏”示范城市。白光LED成为现代照明的发展趋势，已经越来越被广泛地应用于道路照明、背光光源、汽车照明、景观照明等各种照明领域，目前正在朝着室内照明等通用照明市场迈进[11,18]，有着非常广阔的发展前景。

单一的LED芯片并不能直接发出白光。如图1-1所示，目前获得白光LED的封装技术主要分为两类，一类是利用两个或多个三基色LED芯片出光合成白光[19,20]，如蓝光LED+黄绿光LED、蓝光LED+绿光LED+红光LED等；另一类是利用短波长单色LED芯片激发长波长荧光粉合成白光[21,22]，如蓝光LED激发黄绿色荧光粉、近紫外LED芯片激发三基色荧光粉等。

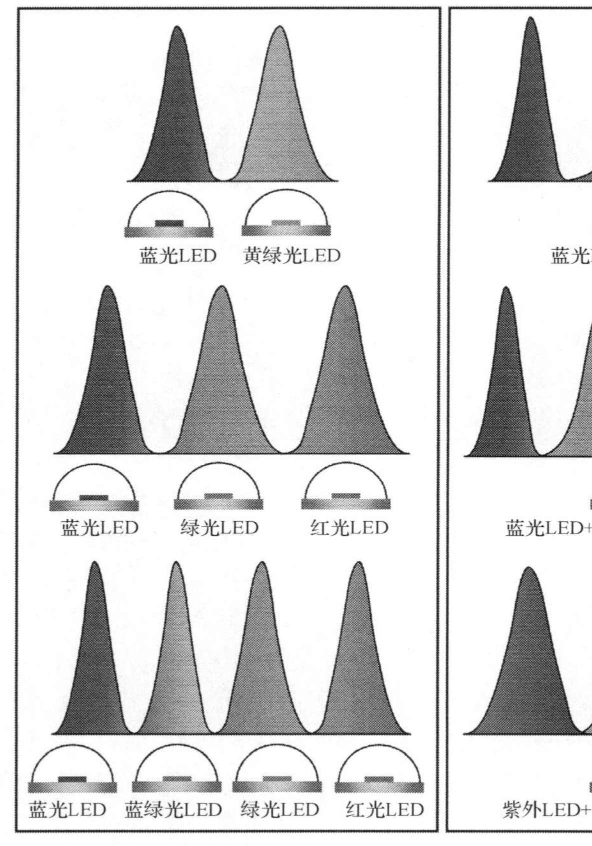

(a) 多芯片合成白光

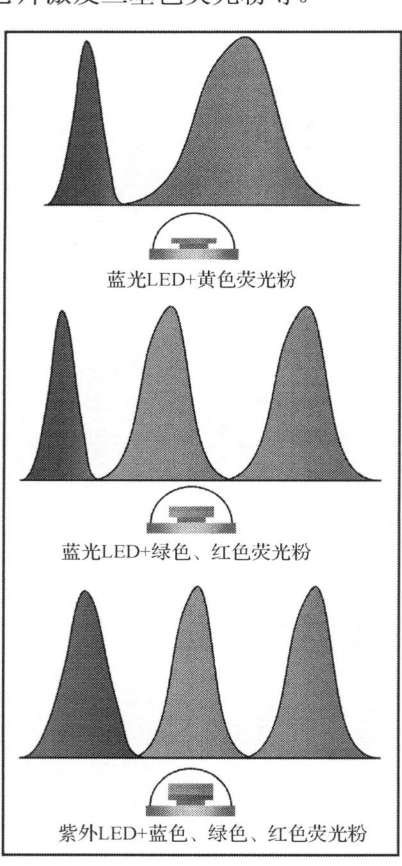

(b) 单芯片+荧光粉合成白光

图1-1 利用LED获取白光照明的封装技术

多芯片合成白光的技术虽然具有流明效率高、显色性能好的优势，但由于不同芯片间驱动电压的差异，造成器件结构复杂，成本较高，可靠性也较差。单芯片LED激发荧光粉技术由于其制备工艺简单，成本较低，已经成为了主流的白光 LED 合成技术。然而，目前，商用单芯片 LED 激发荧光粉合成的白光 LED 器件主要是利用氮化镓(gallium nitride, GaN)基蓝光 LED 芯片激发黄色铈掺杂的钇铝石榴石(cesium doped yttrium aluminium garnet, YAG：Ce)荧光粉，如图 1-2 所示。虽然该方法可以获得较高的光效，但由于黄色荧光粉发光光谱的半峰全宽(full width at half maximum, FWHM)较宽(80～100nm)[23,24]，在颜色坐标图上所能覆盖的颜色域较小(美国国家电视标准委员会 NTSC 标准色域的 75%左右)，作为背光源使用时，难以展现某些颜色细节[25]。此外，荧光粉激发型白光 LED 的光谱成分中缺少红光成分，在对饱和度高的物体照明时会出现较严重的颜色失真[26]。特别地，近年来，白光 LED 中蓝光成分过高所导致的人眼视网膜蓝光危害(blue light hazard)问题[27,28]、生物司辰节律(circadian rhytms)[29,30]失调问题，受到人们的广泛关注。以上种种原因，都使得当前主流的 LED 光源无法满足人们对室内高显色性能(color rendering performance)、光生物安全性(photobiological safety)等照明质量的需求，这严重阻碍了荧光粉激发型白光LED光源进入室内照明等通用照明市场。这些问题都可以归结为白光LED的发光光谱不理想所导致的光色度学问题和生物视觉安全性问题，本书通过研究白光 LED 的光谱设计及封装优化方法，以提高白光 LED 的光色性能、提升光源的生物视觉安全性，具有重要的学术价值和研究意义。

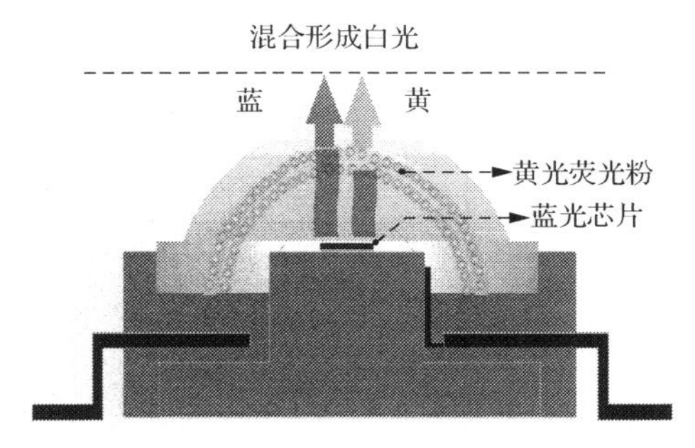

图 1-2 荧光粉激发型白光 LED 的封装结构

1.2 白光 LED 光谱优化研究国内外现状

LED 的核心光度、色度学参数如相关色温(correlated color temperature, CCT)、显色性能与其发光光谱直接相关，LED 的发光效率、光生物安全性与其发光光谱密切相关。根据 LED 光谱优化光色参数目标的不同，目前国内外白光 LED 的光谱优化方法可归纳为以下 4 种。

1. 以高显色性能、高光效、色温大范围可调为目标的优化方法

光源的显色性、光效是 LED 照明应用的核心光色参数。其中，光效不仅与其光谱相关，而且与出光效率、芯片辐射效率相关[31]，LED 光谱设计中，一般仅考虑光谱对其的影响，采用光视效能(luminous efficacy of radiation，LER)作为光谱优化目标。目前业界普遍采用显色指数(color-rendering index，CRI)评价光源的显色性能。据此，Dai 等[32]、Bulashevich 等[33]、Zhong 等[34]以蓝黄红多色光谱为光谱模型，建立以高光视效能、高 CRI、色温大范围为优化目标的光谱优化方法，获得了高光视效能、高 CRI 指数、宽色温范围的合成白光 LED 光谱。

CRI 指数的提出时间为 20 世纪 60 年代，研究对象为当时常用的荧光灯光源，故其更适合于评价荧光灯的显色性能[35]。然而，随着 LED 光源的发展，CRI 指数在评价 LED 显色性能时存在一些缺陷，例如，它采用颜色卡的颜色空间非均匀、色卡样本属于低饱和度[35,36]，因此，即使高 CRI 值的 LED 光源在照明高饱和色物体时，其显色还原能力可能仍然较弱。基于 CRI 指数用于评估白光 LED 的显色性能时所表现出的诸多缺陷和不足，美国国家标准研究院的 Ohno 等[37]提出一种颜色质量尺度(color quality scale，CQS)，采用具有高饱和度的色卡作为颜色样本，以评价白光 LED 的显色质量。在评估红绿蓝白光 LED 及由多个窄辐射带构成的白光 LED 的显色性能时，实验证实，相较于 CRI，CQS 具有明显的进步。据此，Ohno 等[38]提出了一种将 CQS 指数作为优化目标的光谱优化方法，获得了具有高光视效能、高 CQS 指数、宽色温的合成白光 LED 光谱。

但是，根据 Pousset 等[39]做的视觉实验，CQS 所用色卡存在人体主观偏爱色，可能影响显色性的准确判断，因此，CQS 指数并非完美，仍需进一步改进。综上所述，目前尚未出现一种可合理完善评价 LED 光源的显色性的显色性评价指标，如何优化 LED 的发光光谱，以提高其显色能力是需要解决的重要问题。

2. 针对人体生物安全性的光谱优化方法

随着白光 LED 逐渐进入室内照明及背光照明领域，人们在其光照下生活的时间越来越长，因此，白光 LED 光源的光生物安全性受到了大家的广泛关

注。光生物安全主要包括热辐射危害和光化学危害两种[40]。热辐射危害由光能量太强而造成，人体可直接感知；而光化学危害是发生在人眼内部的光化学反应，表现为人眼结构的变化，因为其不会产生热辐射效率，人体并不会直接疼痛的感受，长期会对人眼造成不可逆转的伤害，如黄斑病变、视力下降等。因此，本书重点考虑白光 LED 的光化学危害。白光 LED 所发光谱为可见光波段，其可能存在的光化学危害集中在高能蓝光波段部分，称之为蓝光危害。

目前常用的 LED 白光由蓝光芯片激发黄光荧光粉而成，该白光光谱中蓝光成本的占比远远高于太阳光、白炽灯、荧光灯等传统光源，如图 1-3 所示，因此其存在潜在的蓝光危害相对严重[27,28]。已有大量文献报道光源潜在蓝光危害可损害身体健康：Algvere 等[41]、Cohen 等[42]、Shen 等[43]通过生物学实验证明蓝光危害可对视网膜造成严重的伤害；Tosini 等[44]，Ho 等[45]发现光源蓝光危害可导致生物钟紊乱、损害心理健康；更为严重的是，Brainard 等[29,46]发现高的蓝光危害亦可导致女性乳腺癌。因此，光源的蓝光危害是 LED 光源光生物安全的重要威胁。

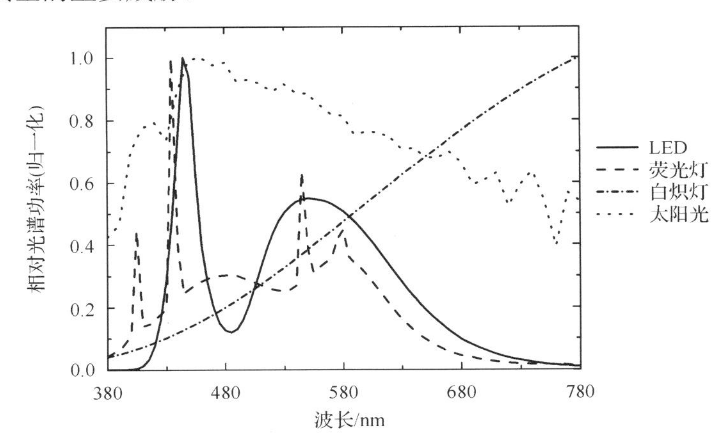

图 1-3 传统黄光荧光粉激发型白光 LED 及三种常见光源光谱

降低白光 LED 光源光谱的蓝光分量成分，是降低 LED 光源蓝光危害的有效方法。然而，蓝光颜色分量与光源的关键指标如相关色温、显色性、光效紧密相连，因此，直接降低白光光谱中蓝光分量的占比，可能会改变色温、降低显色性能和光效，导致光源性能恶化[35,19]。虽然目前存在大量的文献[19,32]，通过研究各颜色分量与色温、显色性、光效之间的复杂关系，以优化 LED 发光光谱，但上述光谱优化方法较少考虑光源的蓝光危害。因此，为了照明的生物安全性，亟须研究一种简单有效的光谱优化方法，以实现低蓝光危害、高光效、高显色性能的白光 LED 光谱优化方法。

此外，针对传统缺少红光成分的黄光荧光粉激发型白光 LED，其显色性能较低，无法满足室内照明的应用需求[25,26]，目前常用的解决方法是通过添加红光荧光粉成分，以提升显色性能[20]。近年来，红光量子点(quantum dots)由于具有窄发射谱且波长可调节的优点，更易于控制以提升荧光粉激发型白光 LED 光源的显色性能[21]。掺加红光荧光粉或者量子点的黄光荧光粉激发型白光 LED 都可能具有高的显色性能，但红光荧光粉与红光量子点受激发后的发光光谱半峰全宽(full widths at half maximum，FWHM)并不相同[22,23]，上述两种掺杂方式获得的白光 LED 具有不同的光谱功率分布模型。在相同的显色性能及光视效能下，两种掺杂方式获得白光 LED 光源的潜在蓝光危害尚未有系统的比较分析研究。

另一方面，当前白光 LED 的光谱蓝光成分较高，因此其导致的人体司辰节律失调问题相较于其他人工光源更为突出。考虑司辰节律因子调节范围是 LED 光谱设计及封装技术发展的一个趋势[47-49]。Zukauskas 等研究了四色 LED 芯片组成的白光 LED 的司辰节律因子调节性能[50]；Oh 等探究了四个白光 LED 模块组成的光源的司辰节律因子调节能力[51]；Dai 等系统地研究了不同数量的光谱分量组成的白光 LED 的司辰节律因子的最小可调值，并提出了利用两颗白光 LED 和一颗红光 LED 组成的光源来获得更大的司辰节律因子调节能力[52]。以上研究均取得了良好的司辰节律因子调节效果，然而在调节能力上，传统多芯片的白光 LED 或荧光粉转化的白光 LED 受限于低的显色指数，因此在司辰节律因子调节能力上受到显色指数的制约，无法达到最好的调节效果。

3. 考虑反射率特性的节能光谱优化

上述所讨论的优化问题均关注 LED 光源自身的光谱特性，然而，如图 1-4(a)所示，在日常照明场景中，除了显示光源，人们极少会直视 LED 光源，而是更加关注被照明物体。被照明物体的颜色、亮度信息由物体表面反射到人眼中的光获得。因此，对于物体照明而言，仅仅被物体表面反射的光能量才是有用、有效的光能，其余被物体吸收的光能被视作能源的浪费。如图 1-4(b)所示，包括白光 LED 在内的常用照明光源，光谱能量覆盖整个可见光波段，其中部分波长的光能被物体表面吸收，造成了能源浪费。因此，Durmus 等[24]

提出，如果可以根据物体表面的反射率特性，通过调节光源的光谱功率分布，大幅降低被物体吸收波长段的光能、提高被物体反射波长段的光能，则可以大大减少光源的能量消耗，达到节能的效果。基于这个观点，他们根据颜色样本的反射率，改变光源光谱，在保证照明物体在该光源与标准参考光源(A 光源)下的色差非常小的条件下，证明该方法可以获得高达 44%的节能效率。

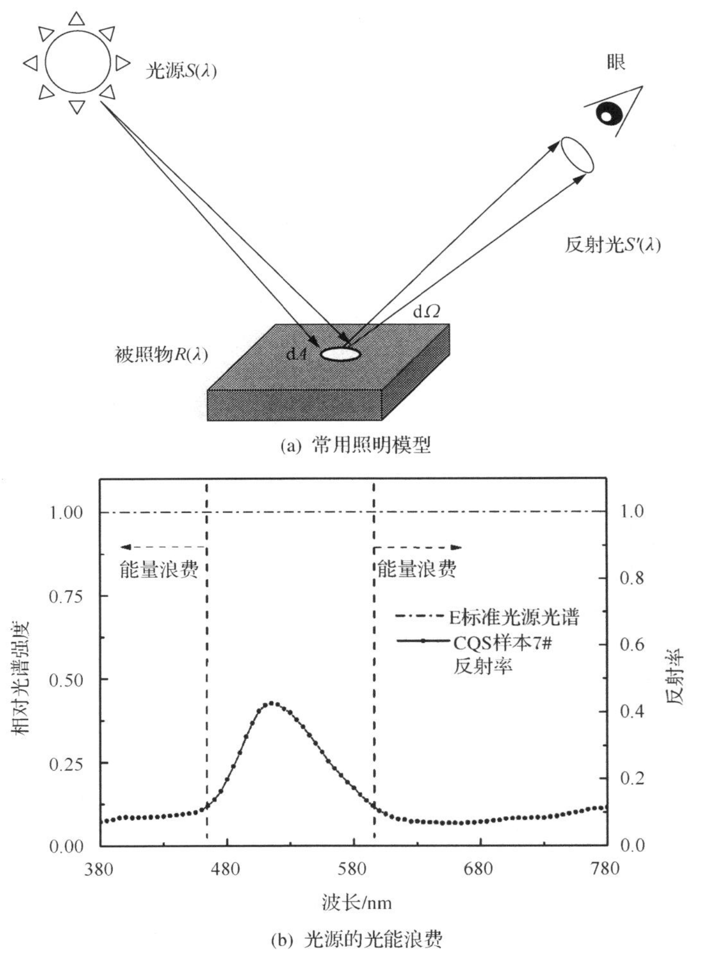

(a) 常用照明模型

(b) 光源的光能浪费

图 1-4　光源照明中存在光能浪费

文献[24]通过简单的、不断增加光谱带宽的方式，获得具有较大节能效率的光源光谱，然而，该方法无法获得具有最大节能效率的光源光谱。为了提高节能效率，亟须研究一种简单、有效的节能光谱优化方法，该方法将可以根据物体反射率特征，优化出低色差、高节能效率的光源光谱。更为重要的是，文献[24]研究的对象为具有单一的反射率特征的照明物体，而日常生活中的被照明物体通常是复杂的由不同材料/颜色构成的多色物体，针对多色物体，如何进行节能光谱的优化，也是需要解决的重要问题。

4. 以实现最优光谱为目标的LED封装建模与优化

上述所讨论的优化问题，仅关注LED光谱自身的分布情况，而在得到最优化光谱之后，实现该光谱就需要依靠白光LED封装技术来实现。首先，需要有效的白光LED光学模型对封装进行理论指导，随后，利用先进的封装技术实现最优光谱。

当光子入射到LED中的荧光材料时，部分光子被荧光材料散射，部分光子直接透过荧光材料胶体，还有部分光子被荧光材料吸收辐射出低能级的光子或转换为热量。表征这些散射、透射、光转换现象的参数是荧光材料的散射系数(scattering coefficient)、吸收系数(absorption coefficient)及各向异性因子(anisotropy coefficient)[53]。测试与计算荧光材料的上述基本光学参数，有助于理解分析光在荧光材料中传输的现象本质，是建立白光LED光学模型的必需条件。对于荧光粉光学参数的测量与建模已经比较成熟，如通过求解麦克斯韦电磁散射方程组，可以准确地求解荧光粉光学参数，并对其荧光粉转化的白光LED进行光学建模。对于新的荧光材料量子点，由于其粒径远远小于入射光波长，无法再通过理论求解得到其光学参数。

为获得量子点材料的光学参数，国内外学者展开了积极的研究工作。德国的Achtstein等[54]、比利时的Hens等[55]、国内的程成等[56]通过洛伦兹局部场建模、有效介质理论等方法计算，得到了量子点胶体材料的吸收系数。但由于辐射传输过程的复杂性，目前缺少对量子点胶体散射系数及各向异性因子的准确计算方法。在白光LED光学建模方面，基于蒙特卡洛方法的光学模型，已经可以准确地描述光在LED封装体内部的传输和转化过程[18]。

在量子点LED光学建模研究方面，土耳其的Erdem等[57]分析了光致发光对显色指数的影响，通过有效介质理论方法，伊朗的Vahdani[58]等研究了量子点尺寸与浓度对光学性能的影响。然而，上述研究仅分析了量子点LED结构对部分光学性能的影响，未直接分析蓝光和量子点发射光在封装体中的传播与转化，缺少量子点LED封装结构与光学性能直接对应的光学建模方法。

量子点层作为光色转换的核心，其形貌、浓度以及与芯片的相对位置，对LED的发光效率及光色品质有着决定性的影响，是实际封装中的研究重点。Woo[59]等研究发现，分层的量子点/荧光粉结构比未分层的混合结构出光效率更高；Yin[60]等发现，红色量子点和黄色荧光粉结合的光转换层可以取得比红/黄色量子点结合的光转换层更好的温度稳定性；Shin[61]等提出，具有空气隙的量子点LED封装结构以提高器件出光效率。然而，现有的封装结构优化，大多基于实验尝试与改进，仍然没有从量子点材料光传输本质上对封装进行系统的分析与优化；对于不同的量子点材料，其出光特性不尽相同。因此，基于实验所得到的优化结构的通用性受到限制，无法进行推广。

1.3 现有技术问题及解决的技术路线

通过上述调研发现，虽然，国内外学者对白光LED的光谱优化进行了大量的研究工作，但是仍存在如下问题尚需解决。

首先，目前，面向高显色性的白光LED光谱优化方法已有了大量的研究成果，然而，现有优化目标均采用不适合评价LED显色性的CRI评价指数；并且，针对LED光源的显色性评价指标CQS目前尚不完善，如何建立面向高显色性的白光LED光谱优化方法，是目前亟须解决的问题。

其次，白光LED由于具有高的蓝光成分，可能存在潜在蓝光危害及司辰节律失调问题，是目前阻碍LED广泛应用的重要问题之一。如何建立面向低蓝光危害、宽司辰节律因子可调的白光LED光谱优化方法，以推进LED光源广泛应用，是目前需要解决的关键问题。

再次，处于被照明物体低反射波长段的光能，对物体照明而言，是一种能量浪费。如何根据照明物体的反射率特征，建立具有更节能的白光LED光谱优化方法，是目前需要解决的另一个关键问题。

最后，上述光谱优化所得到的最优化光谱，只是为白光LED的封装提供理论指导，但如何实现上述最优化光谱，还需要依靠先进的封装技术。然而，现有的光谱优化研究尚未给出实现最优化光谱的有效方法。

基于上述研究现状，本书的主要研究内容如图1-5所示。

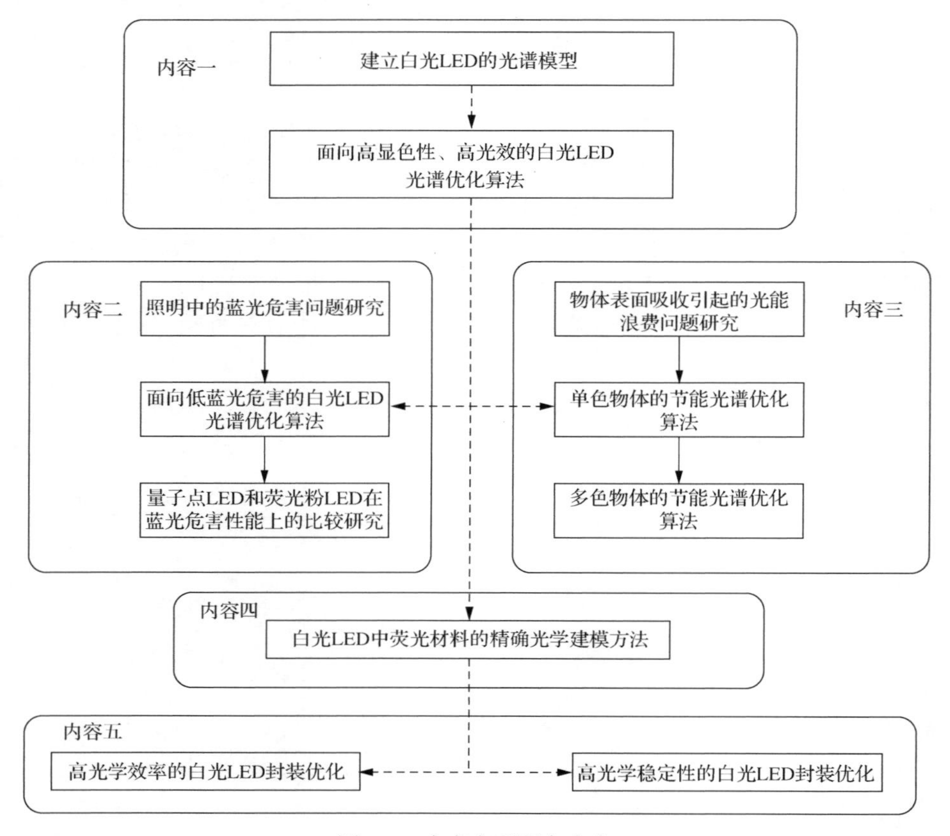

图 1-5　本书主要研究内容

第2章　面向高显色性的白光LED光谱优化方法

2.1　引　　言

高显色性是白光LED光源可广泛应用于通用照明领域所必须具备的性能指标。目前，业界常用CRI显色性评价指数评估光源显色性能，然而该评价方法已不适合新兴的白光LED光源。美国国家标准研究院的Ohno等提出的颜色质量尺度，在评价LED显色性能上具有明显的进步，然而其并不完善。因此，目前，国际上尚未出现一种显色性评价指标，可以准确评价LED光源的显色性，如何优化LED的发光光谱以提高其显色能力是需要解决的问题。若结合CRI指数及CQS指标两者显色性评价方法，以优化白光LED的光谱，则可以结合两种评价方式的优点、克服缺点。较之基于单一显色性评价指标的LED光源光谱优化方法，此种方式不失为现阶段更为合理的一种光谱优化方法。

2.2　光源显色性能评价方法

2.2.1　CRI显色性评价指数

光源显色性定义为其还原物体真实颜色能力，通过与参照标准光源还原真实颜色效果的相比较而获得。1965年，国际照明标准委员会组织(commission internationale de l'Eclairage，CIE)制定一种评价光源显色性的方法，简称“测验色”法，1974年经修订后，正式向国际推荐使用[29]。该方法用一个显色指数CRI值表示光源的显色性能，该显色指数是待评光源下，物体的颜色与参照光源下物体颜色相符程度的度量。为了符合人类长期的照明习惯，该方法规定5000K以下的低色温光源以普朗克辐射体作为参照光源，色温5000K以上的光源用标准照明体D作为参照光源，并设定参照光源的显色指数为100，评价时采用一套14种试验颜色样品。

待测光源对各试验颜色样品的颜色还原能力，称为对应每个样品的特殊显色指数，其中，1 到 8 个样品用于计算光源一般显色指数。我们平时说的“显色指数”，即是一般显色指数的简称，其计算公式为

$$R_a = \frac{1}{8}\sum_{i=1}^{8} R_i \tag{2-1}$$

式中，R_a 为光源对 8 种颜色卡 TCS01～08 特殊显色指数 R_i 的平均值，得分 100 表示颜色卡在被测试光源及参考光源下无任何色差[35]。

但是，第 1 到 8 个样品为中度饱和的颜色样品，其缺陷在于无法正确衡量光源对饱和色的显色能力。因此，为了解决这个问题，CIE 13.3—1995 提出了对应于深红、深黄、深绿、深蓝、皮肤色、橄榄绿(TCS09-TCS14)的特殊显色指数 R_9～R_{14}。CIE 的标准制定时间较早，当时的主流光源，如汞灯和荧光灯发光均为连续谱，而 LED 光源为多峰谱，因此其在评价 LED 光源时存在一定的缺陷。

2.2.2 CQS 显色质量评价指数

2010 年，美国国家标准研究院 NIST 的 Ohno 等提出了他们认为更适合评价 LED 显色能力的指数：颜色质量尺度(CQS)，并努力推动将 CQS 作为用于衡量 LED 光源显色能力的国际标准[37]。CQS 所用色卡具有比 CRI 所用色卡具有更大且封闭的 CIE LAB 色坐标范围，如图 2-1 所示。

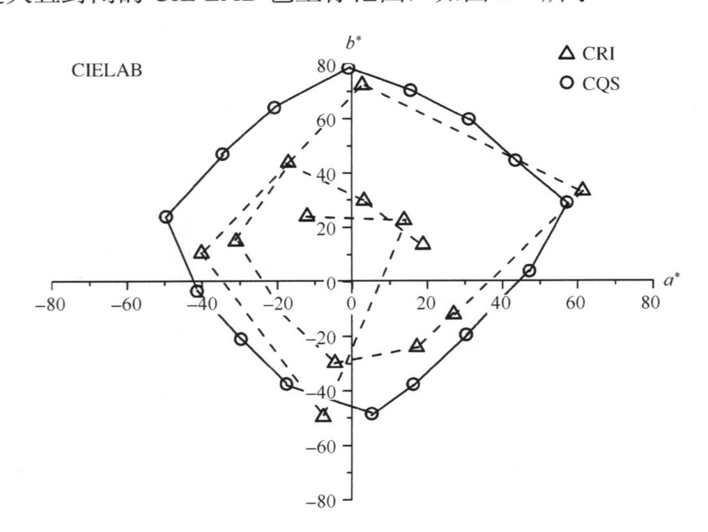

图 2-1　CQS 和 CRI 色卡的 CIELAB 色坐标

并且，CQS 的色差计算采用均方根的形式计算，相较 CRI 计算平均值的形式，可以减小由于特殊显色指标过低可能造成的显色能力误评价，基于此，相较于 CRI，CQS 可以更全面评价 LED 光源的显色性。然而，根据 Pousset 等[39]做的视觉实验，CQS 所用色卡存在人体主观偏爱色，可能影响显色性的准确判断，因此，CQS 指数并非完美，仍需进一步改进。CQS 能否更为有效地评价 LED 光源的显色能力，具有较高的学术和实际意义，作为新的研究热门，受到越来越多的学者关注[62-64]。

目前，大多数文献基于 CRI 显色指数，研究 LED 光谱功率分布形貌与 CRI 的关系，以获得具有高 CRI 的光谱功率分布[34,65,66]。其中，LED 的光谱模型主要为 RGB 三色混合白光 LED 与荧光粉激发型白光 LED 两种。目前，少有文献系统研究 LED 光谱功率分布形貌与 CQS 的关系。本章目的在于研究 LED 光谱功率分布形貌与 CRI、CQS 的关系，通过优化的方式获得具有高 CRI 与 CQS 的 LED 光谱功率分布。

2.3　同时考虑 CRI 指数和 CQS 指数的 LED 光谱优化方法

2.3.1　白光 LED 的光谱建模

为获得高显色指数 CRI 和 CQS 值，多数学者通过在黄光荧光粉激发型白光 LED 中添加红光荧光粉、红光 LED 或者红光量子点胶体，以弥补红光成分不足，提升显色性能[62-64]。因此，本节所用的光谱模型由四部分构成：蓝光芯片，绿光荧光粉，黄光荧光粉，红光荧光粉、芯片或者量子点胶体。白光 LED 的相对光谱功率分布 $S_W(\lambda)$ 可表示为

$$S_W(\lambda)=p_b S(\lambda,\lambda_b,\Delta\lambda_b)+p_g S(\lambda,\lambda_g,\Delta\lambda_g)+p_y S(\lambda,\lambda_y,\Delta\lambda_y)+p_r S(\lambda,\lambda_r,\Delta\lambda_r) \tag{2-2}$$

式中，$S(\lambda,\lambda_b,\Delta\lambda_b)$、$S(\lambda,\lambda_g,\Delta\lambda_g)$、$S(\lambda,\lambda_y,\Delta\lambda_y)$、$S(\lambda,\lambda_r,\Delta\lambda_r)$ 分别对应于光谱中的蓝光、绿光、黄光、红光光谱；λ_b、λ_g、λ_y、λ_r 为各颜色分量的峰值波长，$\Delta\lambda_b$、$\Delta\lambda_g$、$\Delta\lambda_y$、$\Delta\lambda_r$ 为各颜色分量的半峰全宽，p_b、p_g、p_y、p_r 为各颜色分量的相对比例。

上述光谱模型中包括峰值波长、半峰全宽、相对比例等光谱参数组成 4×3 大小的参数矩阵。蓝光芯片和量子点发光均为窄带宽光谱，荧光粉发光为宽

带宽光谱。宽带辐射光谱可表述为高斯分布[65]，窄带辐射光谱描述为修正的高斯分布[36]，为

$$S_i(\lambda)=\frac{e^{-\left(\frac{\lambda-\lambda_p}{FWHM}\right)^2}+2\times(e^{-\left(\frac{\lambda-\lambda_p}{FWHM}\right)^2})^5}{3} \tag{2-3}$$

窄带辐射光谱的半峰全宽变化范围为 20～50nm[66]，宽带辐射光谱的半峰全宽变化范围为 80～120nm[67,68]。蓝光、绿光、黄光、红光分量的波长变化范围分布为 380～500nm、500～550nm、550～600nm、600～780nm。

2.3.2　基于惩罚函数的遗传优化算法

在式(2-2)所描述的模型中，光谱优化方法需要通过不断调整由峰值波长、半峰全宽构成的参数矩阵值，在 CRI 和 CQS 值较高的条件下，获得不同色温 CCT 下具有最大光视效能的合成光谱。此外，合成光谱与相同色温普朗克黑体在 CIE 1960 uv 色度图上的坐标差(D_{uv})应小于 0.0054[69]。因此，该问题可通过约束合成光谱的 CRI、CQS、CCT、D_{uv} 值，计算具有最大光视效能 LER 的参数矩阵值解决。该光谱优化问题可描述为[70]

$$\begin{cases}\text{最大化：LER}\\ \text{约束：}R_a\geqslant R_{as},\ R_9\geqslant R_{9s},\ Q_a\geqslant Q_{as},D_{uv}\leqslant 0.0054,\dfrac{|CCT-CCT_{tar}|}{CCT_{tar}}\leqslant 0.01\end{cases} \tag{2-4}$$

式中，光视效能 LER 为直接的优化目标；R_{as}、R_{9s}、Q_{as} 分别对应一般 CRI 值(R_a)、深红的特殊 CRI 值(R_9)、一般 CQS 值(Q_a)的优化约束值，均设为 95；CCT_{tar} 为合成光谱的目标色温值，以 1000K 为步长，由 2000K 逐渐增加到 7000K。在约束中，合成光谱的色温 CCT 值与目标色温值 CCT_{tar} 的偏差应小于 1%。

本章采用遗传优化算法计算合成白光光谱的最大 LER 值，惩罚函数 $g_j(\vec{x})$ 用于实现式(2-4)中关于 R_a、R_9、Q_a、CCT 的不相等约束[71]。遗传算法的适应度函数 $F(\vec{x})$ 可表述为目标函数 $f(\vec{x})$ 与惩罚项之和，如式(2-5)。

$$F(\vec{x}) = f(\vec{x}) + \sum_{j=1}^{5} R_j \langle g_j(\vec{x}) \rangle^2 \tag{2-5}$$

式中，R_j 是第 j 个约束项 $g_j(\vec{x})$ 的惩罚因子，为一个非常大的正数；向量 $\vec{x}$ 为满足约束的光谱模型参数，即可行解；$\langle\rangle$ 为绝对值运算符号，若被操作数位负则返回零，否则返回其本身，可表述为

$$\langle g_j(\vec{x}) \rangle = \begin{cases} 0, & g_j(\vec{x}) \leqslant 0 \\ g_j(\vec{x}), & g_j(\vec{x}) > 0 \end{cases} \tag{2-6}$$

为减小 LER、R_a、R_9、Q_a、D_{uv}、CCT 在适应度函数 $F(\vec{x})$ 中的相互影响，目标函数 $f(\vec{x})$、惩罚函数 $g(\vec{x})$ 均被归一化，表示为

$$\begin{cases} f(\vec{x}) = \dfrac{683 - \text{LER}}{683} \\ g_1(x) = \dfrac{R_a - R_{as}}{R_{as}} \\ g_2(x) = \dfrac{R_9 - R_{9s}}{R_{9s}} \\ g_3(x) = \dfrac{Q_a - Q_{as}}{Q_{as}} \\ g_4(x) = \dfrac{D_{uv} - 0.0054}{0.0054} \\ g_5(x) = \dfrac{\left|\text{CCT} - \text{CCT}_{tar}\right| / \text{CCT}_{tar} - 0.01}{0.01} \end{cases} \tag{2-7}$$

惩罚因子 R_j 为一个非常大的正数，当 R_a、R_9、Q_a、D_{uv}、CCT 中任意一值不满足约束时，适应度函数值比满足约束时的值大很多。因此，遗传算法的进化过程会改变光谱参数矩阵的值，使约束项迅速满足约束条件。遗传算法的流程图如图 2-2 所示。遗传算法是模拟达尔文生物进化论的自然选择、优胜劣汰和遗传学机理的生物进化过程的计算模型，通过模拟自然进化过程搜索最优解。该算法首先产生一个在变量范围内包含一定数量个体的初始种群，随后按照适者生存和优胜劣汰的原理，逐代演化产生出越来越好的近似解。由于在迭代过程中设置了变异过程，因此可以较好地避免陷入局部最优。

遗传算法的主要计算过程包括如下 5 步：①随机初始化染色体组，每条染色体由各颜色分量的相对比例、峰值波长、半峰全宽构成，为一组解 $\vec{x}$；

②计算每条染色体的适应度函数值；③根据适应度函数值将染色体组排序，复制低适应度函数值的染色体到子代；④随机选择两条染色体互换部分基因产生子代；⑤随机改变染色体上某一基因，以产生子代；⑥不断循环上述②～⑤步，满足停止条件则停止循环。循环停止条件包括两种：①循环已达到最大遗传代数；②染色体组中的最小适应度函数值连续 500 代基本不发生改变。在本算法中，遗传算法的详细参数为：染色体组的染色体数量为 40 条，染色体二进制位数为 25，惩罚因子 R_j 为 2000，基因变异概率为 0.9，染色体交叉概率为 0.7。

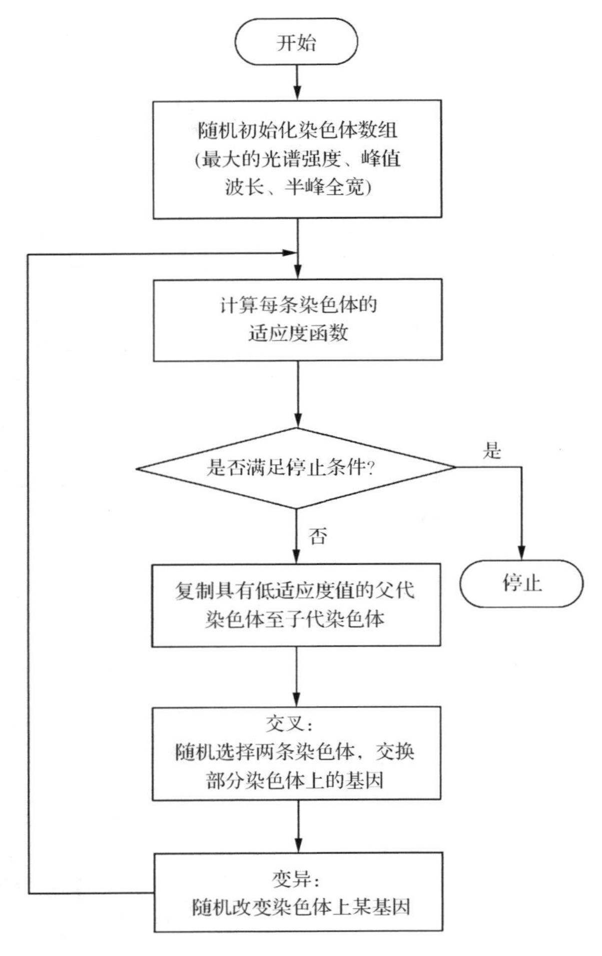

图 2-2　遗传优化算法流程图

2.4　仿真结果及分析

通过限制 R_a、R_9 以及 $Q_a \geqslant 95$，求解最小适应度的大量仿真计算，获得了 2020～7929K 不同色温下，各颜色分量的最佳光谱参数值及合成光谱的光色性能参数，仿真结果如表 2-1 所示。由表可见，当色温目标 CCT_{tar} 以 1000K 为步长，由 2000K 逐渐增加到 8000K 的过程中，最优白光光谱的 CCT 值与目标色温值满足两者偏差小于 1%的约束。此外，通过改变由峰值波长、半峰全宽、光谱相对比例构成的参数矩阵，仿真获得了具有最大 LER 与高 R_a、R_9、Q_a 值的白光光谱。表中色温为 2020K 的最优光谱，其 LER 为 273 lm/W，R_a=98，R_9=97，Q_a=86。此处 Q_a 仅为 86 的原因在于，CQS 定义中对于色温小于 3500K 的 Q_a 值需乘以与 CCT 相关的小于 1 的因子。因此，在色温为 2996K 的条件下，86 实为一个非常高的 Q_a 值。

表 2-1　仿真结果

CCT_{tar} /K	CCT /K	D_{uv} /10^{-4}	λ_b /nm	λ_g /nm	λ_y /nm	λ_r /nm	$\Delta\lambda_b$ /nm	$\Delta\lambda_g$ /nm	$\Delta\lambda_y$ /nm	$\Delta\lambda_r$ /nm
2000	2020	17	478.7	515.5	597.7	642.1	34.9	96.6	115.7	31.9
3000	2996	46	450.7	532.4	594.7	639.8	33.4	99.8	88.3	33.1
4000	4014	7	426.1	508.9	598.3	630.3	32.0	98.4	116.2	38.7
5000	4954	54	454.0	523.9	572.5	630.9	38.1	80.0	101.0	41.9
6000	5940	26	456.3	506.3	588.5	647.1	20.8	82.4	116.8	35.6
7000	6929	54	453.0	503.9	576.8	647.5	31.2	86.7	101.6	28.3
8000	7929	51	454.2	500.7	555.6	657.2	50.0	80.0	120.0	45.0

CCT_{tar} /K	CCT /K	p_b	p_g	p_y	p_r	LER / (lm/W)	R_a	R_9	Q_a
2000	2020	0.46	0	0.06	1.00	273	98	97	86
3000	2996	0.52	0.15	0.39	1.00	318	97	96	96
4000	4014	1.00	0.86	0.98	0.96	287	95	95	95
5000	4954	0.63	0.93	0.72	1.00	310	96	95	96
6000	5940	0.72	1.00	0.75	0.60	278	95	95	95
7000	6929	0.63	1.00	0.69	0.85	275	95	95	97
8000	7929	0.74	1.00	0.26	0.79	247	95	95	95

表 2-1 中，色温为 2996K 时，LER 达到最大值 318 lm/W，此时白光光谱具有非常高的显色性能参数(R_a=97，R_9=96，Q_a=96)。色温为 7929K 时，LER 最小为 247 lm/W，此时的最优白光 LED 光谱亦具有非常高的显色性能(R_a=95，R_9=95，Q_a=95)。综上所述，本优化算法可获得色温在 2020～7929K 范围内，具有高 CRI 和 CQS 值(≥95)的白光 LED 光谱。在相同 CRI 值下(CRI≥95)，通过同时优化 CRI 和 CQS 值，本方法所获得光谱的 CQS 值(CQS≥95)，高于单独优化 CRI 值所获得光谱的 CQS 值(CQS≥90)[72]。

不同色温下的最优白光 LED 发光光谱曲线，如图 2-3(a)所示，光谱对应 CIE1931 色坐标，如图 2-3(b)所示。由图可见，上述最优白光光谱的色坐标与同色温黑体辐射的色坐标非常接近。由表 2-1 可见，色坐标之差均小于 0.0054。最优光谱的 x 坐标在 0.29 至 0.52 间变化，y 坐标在 0.31 至 0.41 间变化，此为较大的色坐标变化范围。因此，该色温可调的白光 LED 光谱优化方法，也可为不同色温及 CIE 色坐标需求的照明场景提供良好的解决方案。

由图 2-3 可见，最优白光光谱中四颜色分量的峰值波长、半峰全宽、相对比例随着色温的上升而变化较大。蓝、绿、黄、红颜色分量的峰值波长的变化范围分别为 426.1～478.7nm、500.7～532.4nm、555.6～598.3nm、630.3～657.2nm；四颜色分量的半峰全宽变化范围分别为 20.8～50.0nm、80.0～99.8nm、88.3～120.0nm、28.3～45.0nm；相对比例的变化范围分别为 0.46～1.00、0.00～1.00、0.06～0.98、0.60～1.00。因此，直接通过控制荧光粉成分、荧光粉占比、封装形式，难以实现具有高显色性的七种不同色温的真实白光 LED 光谱。

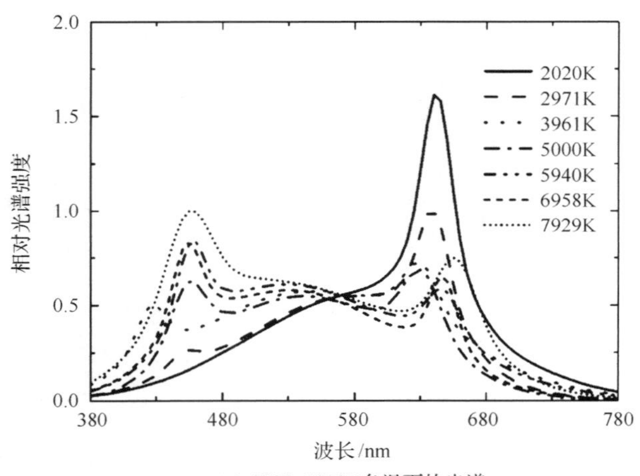

(a) 2020~7929K色温下的光谱

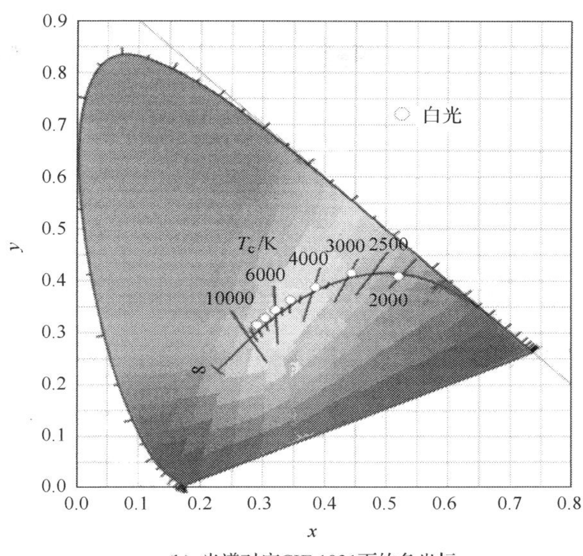

(b) 光谱对应CIE 1931下的色坐标

图 2-3　优化仿真结果

一种可行且较简便的方法是制造一颗由多色 LED 构成的 LED 模块，分别控制不同颜色 LED 的驱动电流[34]，可获得真实的具有高 LER、高显色性、色温可调的白光 LED 光谱。据此，如图 2-4 所示，本书制造了一个由四色 LED 构成的 LED 模块，以最优仿真结果中 4954K 色温对应的光谱作为设计目标。四种颜色分量分别为氮铟化镓(InGaN)蓝光芯片(450nm，CREE)、由蓝光芯片和高密度绿光荧光粉(525nm，Intematix G2762)构成的荧光粉激发型 LED(蓝光被高密度绿光荧光粉全部吸收，因此该 LED 只发出绿光)、由蓝光芯片和高密度黄光荧光粉(570nm，Intematix YAG-02)构成的荧光粉激发型 LED、氮 InGaN 红光芯片(630nm，CREE)。

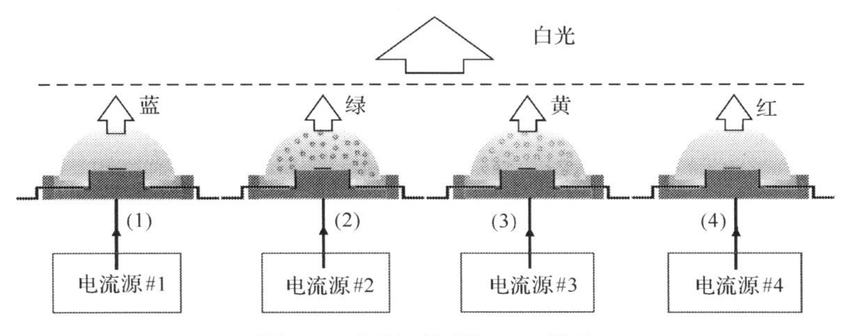

图 2-4　色温可调的 LED 模块

采用远方光电有限公司的积分球光谱测试仪 ATA-1000，以 350mA 分别驱动上述四颜色分量的 LED，测试各 LED 的发光光谱，分别记为 $S_b(\lambda)$、$S_g(\lambda)$、$S_g(\lambda)$、$S_r(\lambda)$，该仪器的光谱测试范围为 380nm 至 780nm，波长准确度为 0.3nm。测试在常温 25℃下进行，四颜色分量的测试光谱如图 2-5(a)所示。因此四颗 LED 之间无电气连接、相互独立，因此最终合成的白光光谱近似为四颗 LED 发光光谱的混合叠加，该合成光谱可描述为

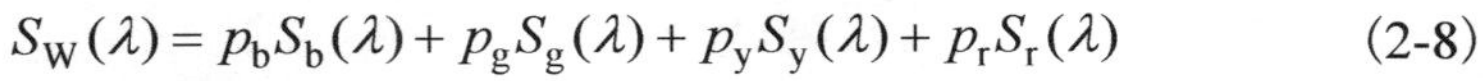

$$S_W(\lambda) = p_b S_b(\lambda) + p_g S_g(\lambda) + p_y S_y(\lambda) + p_r S_r(\lambda) \tag{2-8}$$

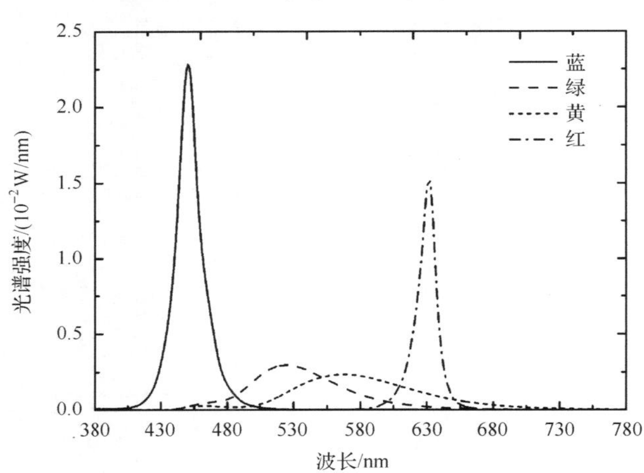

(a) 四颜色分量在350mA驱动下的发光光谱

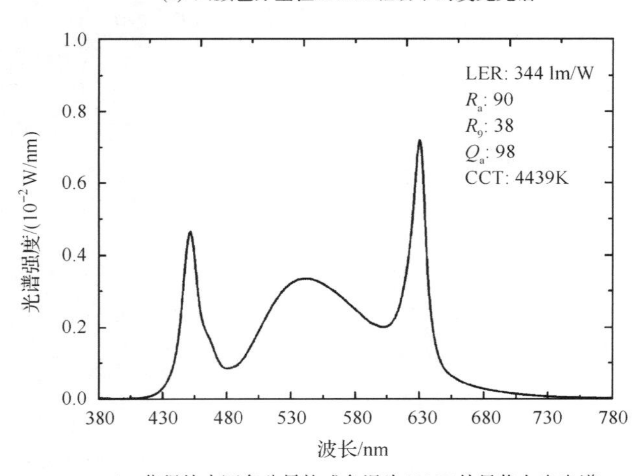

(b) 获得的由四色分量构成色温为4439K的最优白光光谱

图 2-5　四色光谱

式中，p_b、p_g、p_y、p_r 分别为四颜色分量相较于 350mA 驱动电流的电流比例。重新仿真优化计算，通过改变电流比例，可获得具有最高 LER、受约束的高 R_a、R_9、Q_a 值的白光光谱。计算出蓝、绿、黄、红四颜色分量的驱动电流分别为 50mA、234mA、350mA、150mA。在该驱动电流下，该 LED 模块的发光光谱如图 2-5(b)所示，其光色参数分别为：光功率 579.7mW、LER=344 lm/W、R_a=90、R_9=98、Q_a=90、色温 CCT=4439K。该模块的色温与目标色温 4954K 非常接近，且具有高的显色性能。

2.5　本 章 小 结

本章首先建立由蓝、绿、黄、红四颜色分量构成的白光 LED 光谱模型。其次，基于惩罚函数的遗传算法，通过最大化 LER，约束 $D_{uv}\leqslant 0.0054$、CRI(R_a，R_9)$\geqslant$95、CQS(Q_a)$\geqslant$95，获得具有高 LER、高 CRI、CQS 值的最优白光光谱。经仿真计算，获得色温范围为 2020～7929K、具有高 CRI 与 CQS 值的白光 LED 光谱。其中，LER 在色温为 2996K 时获得其最大值 318lm/W。最后，为实现真实具有高 LER、高显色性能的白光光谱，制造了由四色 LED 构成的 LED 模块，各 LED 的驱动电流可分别单独控制。通过控制电流，该 LED 模块实现了具有 LER=344lm/W、R_a=90、R_9=98、Q_a=90、CCT=4439K 的白光光谱。

第3章　面向人体光生物安全的LED光谱优化方法

3.1　引　　言

照明中的光生物安全问题，主要包括视网膜蓝光危害问题和影响人体生物钟的司辰节律问题，这些问题直接阻碍了白光LED广泛应用于室内照明。虽然，目前存在大量白光LED光谱优化方法，但这些方法较少关注其对人体光生物安全性的影响。本章首先通过实验测试的方法，分析生活中常用八种光源的潜在蓝光危害，阐述人工光源对人体司辰节律的影响；随后，采用基于惩罚函数的遗传优化算法，获得具有低蓝光危害、高显色性、高光效的白光LED光谱，并比较量子点白光LED和荧光粉白光LED在蓝光危害性能上的表现；其次，以宽司辰节律因子调节范围为目标，建立白光LED光谱优化方法，分析何种光谱组成可获得最大的司晨节律调节倍数；最后，通过封装结构优化设计，以实现宽司辰节律调节范围的白光LED。

3.2　照明中的光生物安全问题

3.2.1　蓝光危害问题

不同波长对人眼造成的蓝光危害并不相同，国际电气标准化组织（International Electrotechnical Commision，IEC）于2006年建立了与光源蓝光危害系数与波长间的关系函数[40]。为表征人眼视觉对不同波长的敏感度，国际照明标准委员会组织建立了明视觉函数[31]，该函数与光源光效直接相关，这两个函数如图3-1所示。

由图可见，蓝光危害权重系数最大值在蓝光450nm波长附近，明视觉函数最大值在绿光555nm波长附近。两函数在300～380nm波长段的值接近于零，因此本章后续仅研究光源在380～780nm的可见光波段引起的蓝光危害。

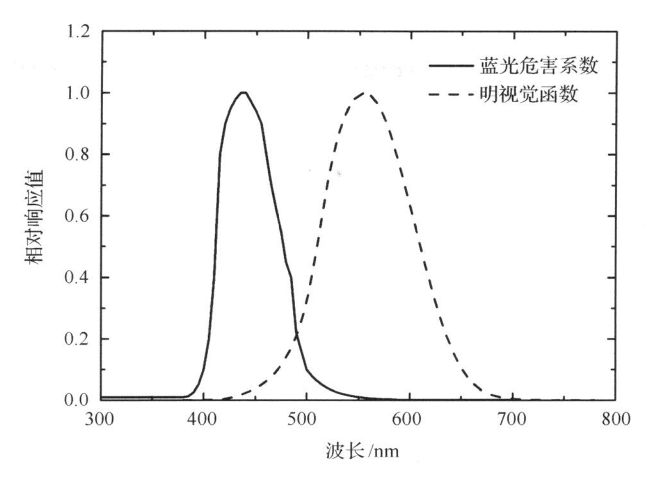

图 3-1　300～780nm 波段下的蓝光危害系数及明视觉函数

光源辐射蓝光危害效能(blue light hazard efficiency of radiation，BLHER)，定义为蓝光危害与光源辐射量之比值，表示为[40]

$$\eta_{\mathrm{B}}=\frac{\sum_{\lambda}S(\lambda)B(\lambda)\Delta\lambda}{\sum_{\lambda}S(\lambda)\Delta\lambda} \tag{3-1}$$

式中，η_{B} 为光源辐射蓝光危害效能；$S(\lambda)$ 为光源的发光光谱；$B(\lambda)$ 为蓝光危害权重系数；$\Delta\lambda$ 为波长间隔(本章为 5nm)。

光视效能 LER 的计算如下[31]：

$$\mathrm{LER}=\frac{K_{\mathrm{m}}\sum_{\lambda}S(\lambda)V(\lambda)\Delta\lambda}{\sum_{\lambda}S(\lambda)\Delta\lambda} \tag{3-2}$$

式中，K_{m} 为与人眼视觉相关的光源可能的最大光效值，该值出现在 555nm 波长处，为常数 683 lm/W；$V(\lambda)$ 为明视觉函数。

本书测试分析了日常生活中常用的八种白光光源光谱，包括三种 LED 光源(手机背光光源、LED 液晶显示器、黄光荧光粉激发型白光 LED)、低压汞灯、低压钠灯、标准 FL1 荧光灯、标准 D65 太阳光源和白炽灯。上述三种 LED 光源由远方光电有限公司生产的光谱辐射计 SPIC-200B 测得，该辐射计的光谱测试范围为 380～780nm，波长精度为 0.5nm。汞灯、钠灯的光谱采用远方光电有限公司生产的积分球型光谱仪 PMS-80 测得，该光谱仪波长精度为 0.2nm。上述测试均在常温 25℃下进行。FL1 荧光灯、D65 太阳光源、白炽灯的光谱由 CIE 技术报告中查表获得[42]。上述光源在 380～780nm 波长段的光谱功率分布，如图 3-2 所示。

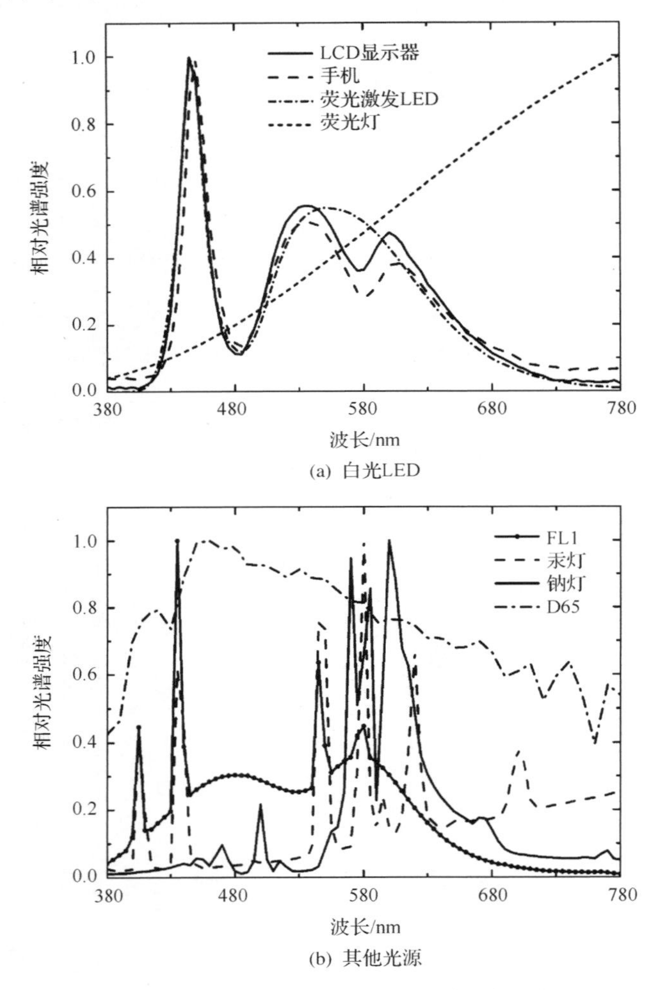

(a) 白光LED

(b) 其他光源

图 3-2　八种白光光源的发光光谱功率分布

为分析上述光源发光光谱的潜在蓝光危害，本书建立了一种蓝光危害照明模型，如图 3-3 所示。图中，光源以垂直角度照射物体表面，d 为发光中心距物体表面的直线距离，φ 为半发光角，S 为光源的照明区域，Ω 为光源中心到物体表面的发光立体角。

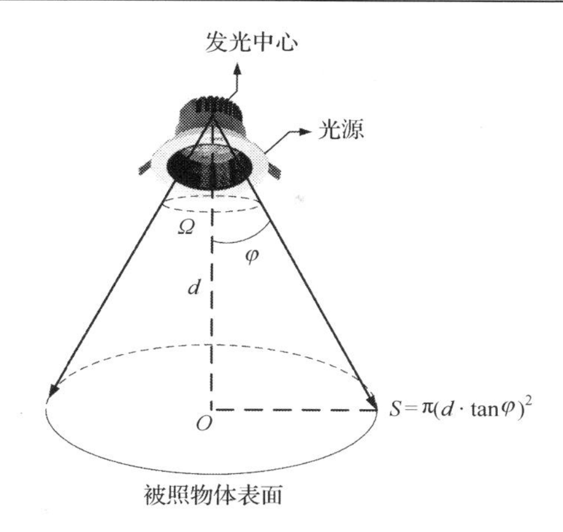

图 3-3 蓝光危害照明模型

光源的光谱辐射亮度可表示为[73]

$$L(\lambda)=\frac{S(\lambda)}{S\Omega}=\frac{S(\lambda)}{\pi(d\tan\varphi)^2 2\pi(1-\cos\varphi)} \tag{3-3}$$

式中，发光立体角 Ω 通过 $\Omega=2\pi(1-\cos\varphi)$ 计算而得。此处，假设光源的辐射功率为 100W，发光中心距被照物体表面距离为 200mm，且经过良好的光学设计，被照物表面的光谱辐亮度处处相等。

进入人眼，被视网膜吸收的光源辐射通量(radiant flux)与瞳孔直径成正比，在低亮度($<0.01\text{cd/m}^2$)时，瞳孔直径约为 7mm，高亮度($>10000\text{cd/m}^2$)时，瞳孔直径缩小至约 2mm[74]。为便于评估蓝光危害，本书以 3mm 瞳孔直径(7mm 接收面积)计算人眼曝光在光源下所面临的潜在蓝光危害。为了避免长期蓝光曝光导致的视网膜光化学损伤，基于大量实验研究工作，IEC 62778 提出了两种曝光限制指数。

一种是与蓝光危害系数相关的光谱蓝光危害辐射量 L_B，以及与时间累计蓝光危害曝光辐射量 L_Bt，计算式为[40]

$$\begin{cases} L_Bt=\sum_\lambda L(\lambda)B(\lambda)\Delta\lambda t\leqslant 10^6\ \text{J}\cdot\text{m}^{-2}\cdot\text{sr}^{-1}, t\leqslant 10^4 \\ L_B=\sum_\lambda L(\lambda)B(\lambda)\Delta\lambda\leqslant 100\ \text{W}\cdot\text{m}^{-2}\cdot\text{sr}^{-1}, t>10^4 \end{cases} \tag{3-4}$$

式中，t 为曝光持续时间。

另一种限制是针对平均光源辐射亮度大于 $100\text{W}\cdot\text{m}^{-2}\cdot\text{sr}^{-1}$ 的光源，曝光时

间不能超过其最大值 t_{max}，为[40]

$$t_{max}=\frac{10^6}{L_B}\text{s},\ t\leqslant 10^4\text{s} \tag{3-5}$$

这两曝光限制适用于大部分普通健康人群，但并不适用于光敏感体质的个体或者具有光敏感基因的个人。敏感体质的个体更易于受到蓝光光辐射的影响，且敏感性因个体千差万别，因此难以为这部分人群设置固定的曝光限制[75,76]。

当图 3-3 中光源的半发光角为 5°时，计算获得八种常用白光光谱的色温 CCT、一般显色性指数 CRI(R_a)、光源辐射蓝光危害效能 BLHER(η_B)、LER、蓝光危害辐射量 L_B、最大曝光时间 t_{max}，如表 3-1 所示。

表 3-1 八种常用白光光谱光源的性能参数

光源	CCT/K	R_a	LER/(lm/W)	η_B	L_B/(W/m^2·sr·nm)	t_{max}/s
钠灯	1837	31	334.11	0.04	172.80	5787
荧光灯	2857	100	154.14	0.05	189.19	5286
汞灯	3204	64	222.00	0.11	441.55	2265
荧光粉激发型 LED	5902	71	322.34	0.26	1045.54	956
LCD 显示器	6030	81	305.12	0.25	1012.03	988
荧光灯	6430	74	292.25	0.27	1075.01	930
D65 太阳光	6504	98	203.52	0.20	754.29	1326
手机屏	6746	85	279.68	0.25	997.58	1002

由表可得，上述常用光源的色温范围为 1837～6746K，显色指数 R_a 的范围为 31～100，LER 的范围为 203～334 lm/W，光源辐射蓝光危害效能 η_B 的范围为 0.04～0.27。其中，荧光粉激发型 LED 具有最高的 LER(322 lm/W)，但是其最大允许曝光时间短至 956s，表明具有较高的潜在蓝光危害。而荧光灯具有最低的蓝光危害效能(η_B=0.05)及最长的最大曝光时间，但其 LER(154 lm/W)却明显小于其他光源，表明该光谱并不节能。因此，亟须研究一种具有最高 LER、最低蓝光危害效能、高显色性能的白光光谱优化方法。因为 LED 被公认为最适合光谱调控和优化的光源，本书通过优化 LED 光谱以获得不同色温下、具有最高 LER、最低蓝光危害效能、高显色性的白光光谱。

3.2.2 司辰节律问题

人类在数百万年的进化过程中，已经逐渐养成了“日出而作，日落而息”的生理习惯。经研究，这种生理习惯是受到人体的本征光敏感视网膜神经节细胞(intrinsically photosentive retinal ganglion cells)提供给大脑信息的影响[77,78]。表3-2显示了一天之中不同时刻的太阳光色温。太阳光在一天之内的不同时间段里，呈现出的照明色温是逐渐变化的，如在清晨和傍晚，太阳光呈现出柔和的暖白光(2000～4500K)，因而对人体视网膜神经节细胞刺激较小，适合人体逐渐苏醒或逐渐入睡；而在越接近正午的时间段，太阳光呈现出亮眼的正白光或冷白光(4500～6000K)，因而对人体视网膜神经节细胞刺激较强，适合人体高效率地工作。

表3-2　一天之中不同时刻的太阳光色温

时刻	太阳光色温/K
日出/日落	2000
日出后/日落前20min	2500
日出后/日落前45min	3000
日出后/日落前1h	3500
日出后/日落前1.5h	4000
日出后/日落前2h	4500
日出后/日落前2.5h	5000
日出后/日落前3h	5500
正午	6500

现在，人们对人工照明的要求也变得越来越严格，除了关注人工照明光源的亮度、效率以及均匀性，人们越来越多地关注和讨论光源的人体舒适性和生物安全性，在选择照明灯具时，也将人体舒适性作为越来越重要的指标。人们在选光源时，可以模仿太阳光在一天之内的色温变化，在休息时间，应该选择低色温的白光LED光源，以给人体生理上的提示，快接近休息时间了；而在工作时间，应该选择高色温的白光LED光源，以给人体生理上的刺激，促进高效率工作。我们发现，在市面上销售的白光LED照明产品中，有色温高于6500K甚至100000K的，这种LED产品已经超出照明光源的白光色温上限。虽然LED模组功率小，但却对人体视网膜神经节细胞构成非常强的刺激，如果长期使用这种照明光，将影响人体的昼夜节律，影响睡眠，造成生

物钟紊乱，降低人体免疫力[79-82]。针对目前人们对照明光源舒适性和生物安全性的需求，亟须提出一种评价指标，并依据此评价指标对白光 LED 光源进行光谱设计和优化。

2002 年，学者 Gall 提出用司辰节律因子(circadian action factor)来衡量照明光源对视网膜神经节细胞的刺激强度[83]。司辰节律因子的定义如下：

$$a_c = K\int_{380}^{780} C(\lambda)P(\lambda)\mathrm{d}\lambda \Big/ \int_{380}^{780} V(\lambda)P(\lambda)\mathrm{d}\lambda \tag{3-6}$$

式中，$C(\lambda)$是 Gall 定义的生理光谱效率函数；$P(\lambda)$是光源的光谱功率分布；$V(\lambda)$是明视觉函数；K是归一化因子(使 CIE 标准光源 D_{65} 光谱的司辰节律因子为 1)。如图 3-4 所示，为 $C(\lambda)$与 $P(\lambda)$的函数分布图，可以看出，生理光谱效率函数的峰值在 464nm，意味着蓝光波段对视网膜神经节细胞的刺激最强(蓝光危害的由来)，蓝光部分能量占总光谱能量的份额越多，司辰节律因子值越大。

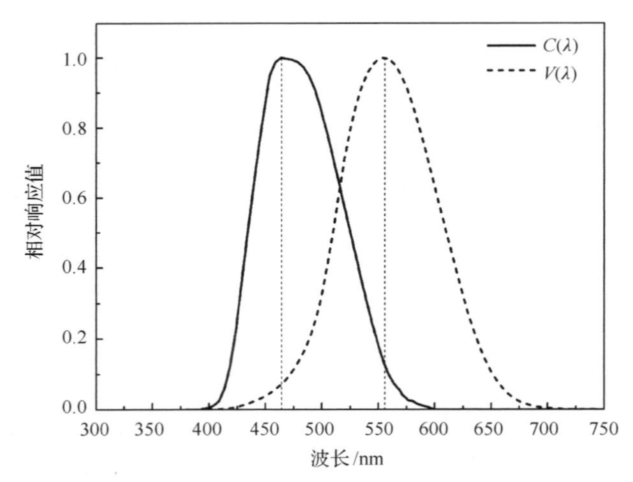

图 3-4　生理光谱效率函数与明视觉函数的函数值分布图

由于不同生物个体对光能量的感受度差异，以及同一个体在不同时间段所需要的光能量对视网膜神经节细胞的刺激强度不同，也即司辰节律不同，因此在进行白光 LED 的光谱设计时，应该选择合适的发光波长、半峰全宽以及相对强度，在保证光源发光效率高、显色指数高的情况下，使得该光源司辰节律的可调节范围最大化，从而适应不同人体、不同阶段下的照明需求。

3.3　面向低蓝光危害的光谱优化

3.3.1　光谱建模

对人工照明光源的光谱进行优化设计，已经成为当前 LED 照明领域的一大热点。为获得高 LER 和高显色指数，多数文献通过在荧光粉激发型白光 LED 中添加红光荧光粉、红光 LED 芯片或者红光量子点胶体实现[62-64]。量子点因为其发射谱窄，相较于荧光粉而言，更适合用于光谱调控。本章建立的白光 LED 光谱模型由蓝光芯片，黄光荧光粉，红光荧光粉、红光芯片或红光量子点三部分构成，表示为

$$S_W(\lambda)=p_bS(\lambda,\lambda_b,\Delta\lambda_b)+p_yS(\lambda,\lambda_y,\Delta\lambda_y)+p_rS(\lambda,\lambda_r,\Delta\lambda_r) \tag{3-7}$$

式中，$S(\lambda,\lambda_b,\Delta\lambda_b)$、$S(\lambda,\lambda_y,\Delta\lambda_y)$、$S(\lambda,\lambda_r,\Delta\lambda_r)$ 分别为蓝光芯片、黄光荧光粉、红光芯片或量子点的发光光谱；λ_b、λ_y、λ_r 分别为蓝光、黄光、红光光谱的峰值波长；$\Delta\lambda_b$、$\Delta\lambda_y$、$\Delta\lambda_r$ 分别为三色光谱的半峰全宽；p_b、p_y、p_r 分别为三色光谱强度的相对比值。上述峰值波长、半峰全宽、光谱强度相对比值构成 3×3 的光谱参数矩阵。本章中，蓝光和红光光谱用修正的高斯函数表示，黄光光谱用高斯函数表示。本光谱模型中，蓝光芯片、黄光荧光粉、红光光谱的半峰全宽变化范围分别为：20～50nm[66]、80～120nm[37,67]、20～100nm[23,36]；蓝、黄、红光光谱峰值波长变化范围分别为：380～500nm、500～600nm、600～780nm；三色光谱相对强度比值变化范围为 0～1。因此，该光谱模型包括了可能出现的绝大部分三色合成白光 LED 光谱。

3.3.2　优化算法及结果分析

为获得低蓝光危害、高效节能的光源，优化光谱时，需同时考虑光源辐射蓝光危害效能及 LER。基于此，本书中提出的面向低蓝光危害的光谱优化方法，在于通过改变参数矩阵中的参数值，最大化 LER，最小化光源辐射蓝光危害效能，获得不同 CCT 下具有高显色性的白光光谱。此外，合成光谱与相同色温普朗克黑体在 CIE1960 uv 色度图上的坐标差（D_{uv}）应小于 0.0054[69]。本书通过最大化 LER、最小化光源辐射蓝光危害效能的同时，约束 CRI 显色指数、色温 CCT、色差 D_{uv} 的方式获得最优光谱，该优化问题可表述为[84]

$$
\begin{cases}
\text{最大化：LER；最小化：}\eta_{\mathrm{B}} \\
\text{约束：}R_{\mathrm{a}} \geqslant R_{\mathrm{as}},\ D_{\mathrm{uv}} \leqslant 0.0054, \dfrac{\left|\mathrm{CCT}-\mathrm{CCT}_{\mathrm{tar}}\right|}{\mathrm{CCT}_{\mathrm{tar}}} \leqslant 0.02
\end{cases} \tag{3-8}
$$

式中，LER、η_{B}是直接的优化目标，R_{as}是对一般显色性指数R_{a}的约束值，设为 90；$\mathrm{CCT}_{\mathrm{tar}}$为色温的优化目标值，以 1000K 为步长，由 2000K 增加至 8000K，光谱实际色温 CCT 与色温目标值 $\mathrm{CCT}_{\mathrm{tar}}$的偏差应小于 2%。

该优化问题是一个包含不等式约束的多目标优化问题。遗传优化算法相较于其他优化算法，具有更快的全局搜索能力、更高的计算效率[85,86]；并且，惩罚函数方法非常适用于解决约束问题。因此本书采用遗传优化算法计算光谱的最大 LER 和最小 η_{B}[80]，惩罚函数 $g_j(\vec{x})$ (j=1,2,3) 被用于解决式(3-8)中与R_{a}、D_{uv}、CCT 相关的不等式约束问题。优化算法的目标函数 $f(\vec{x})$可用 LER 与 η_{B}的线性加权和表示，为减小 LER、η_{B}在目标函数 $F(\vec{x})$中的相互影响，目标函数$f(\vec{x})$中 LER、η_{B}被归一化。适应度函数 $F(\vec{x})$定义为目标函数$f(\vec{x})$与惩罚项 $R_j g_j(\vec{x})$之和，具体为

$$
\begin{cases}
F(\vec{x}) = f(\vec{x}) + \sum_j R_j g_j(\vec{x}),\ j = 1,2,3 \\
f(\vec{x}) = A\eta_{\mathrm{B}} + (1-A)\left(\dfrac{683-\mathrm{LER}}{683}\right) \\
g_1(\vec{x}) = \dfrac{R_{\mathrm{a}} - R_{\mathrm{as}}}{R_{\mathrm{as}}} \\
g_2(\vec{x}) = \dfrac{D_{\mathrm{uv}} - 0.0054}{0.0054} \\
g_3(\vec{x}) = \dfrac{\left|\mathrm{CCT}-\mathrm{CCT}_{\mathrm{tar}}\right| / \mathrm{CCT}_{\mathrm{tar}} - 0.02}{0.02}
\end{cases} \tag{3-9}
$$

式中，R_j惩罚因子为一个非常大的正数；A 是 η_{B}与 LER 的线性加权系数，在优化算法中以 0.05 为步长由 0 逐渐增加到 1。为了降低适应度函数 $F(\vec{x})$中 LER、η_{B}、R_{a}、D_{uv}、CCT 间的相互影响，惩罚函数中的 R_{a}、D_{uv}、CCT 均被归一化。本遗传算法的计算过程与 2.3.2 节近似，在此不再赘述。

通过限制 $R_{\mathrm{a}}\geqslant 90$，求解最大化适应度函数值的大量仿真计算，获得了 2013～7845K 不同色温下各颜色分量的最佳光谱参数值及合成光谱的光色性能参数。具体仿真结果，如表 3-3 所示。

表 3-3　仿真结果

CCT/K	R_a	D_{uv}	η_B	LER/(lm/W)
2013	90	0.0054	0.02	352
2940	90	0.0054	0.08	350
3929	90	0.0054	0.15	344
5000	90	0.0054	0.21	330
5880	90	0.0054	0.23	302
6860	92	0.0054	0.25	297
7845	92	0.0054	0.28	280

由表可见，在不同色温目标下，可获得具有高显色性(R_a≥90)、节能性(LER≥297lm/W)的最优光谱，且最优光谱的色坐标与同色温黑体辐射的色坐标之差，满足约束(D_{uv}≤0.0054)。各色温下，最优光谱的色坐标如图 3-5(a)所示，光谱功率分布如图 3-5(b)所示。

图 3-6 比较了色温为 5880K 的最优光谱，表 3-1 中为同色温(5902K)的商用荧光粉激发型白光 LED 光谱的 CRI 指数。由图可见，虽然两光源的色温近似相等，但优化光源的显色指数明显高于荧光粉激发型 LED。因此，本算法可明显提升光谱的显色性能。

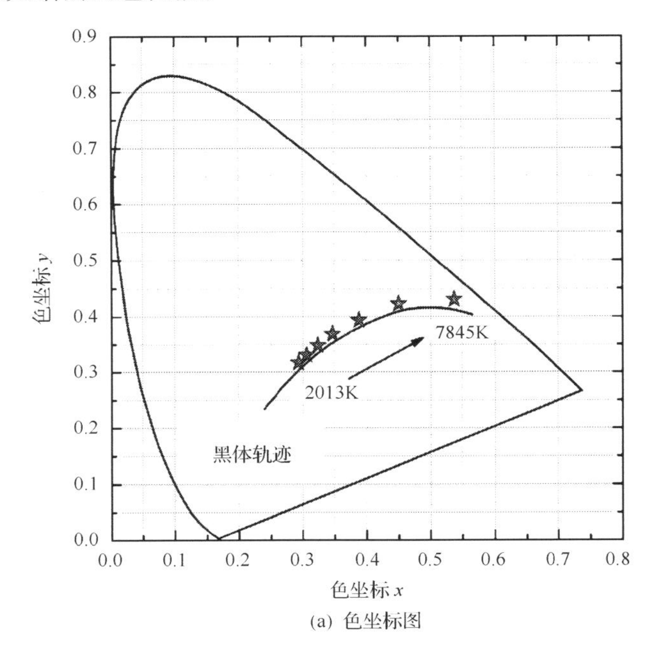

(a) 色坐标图

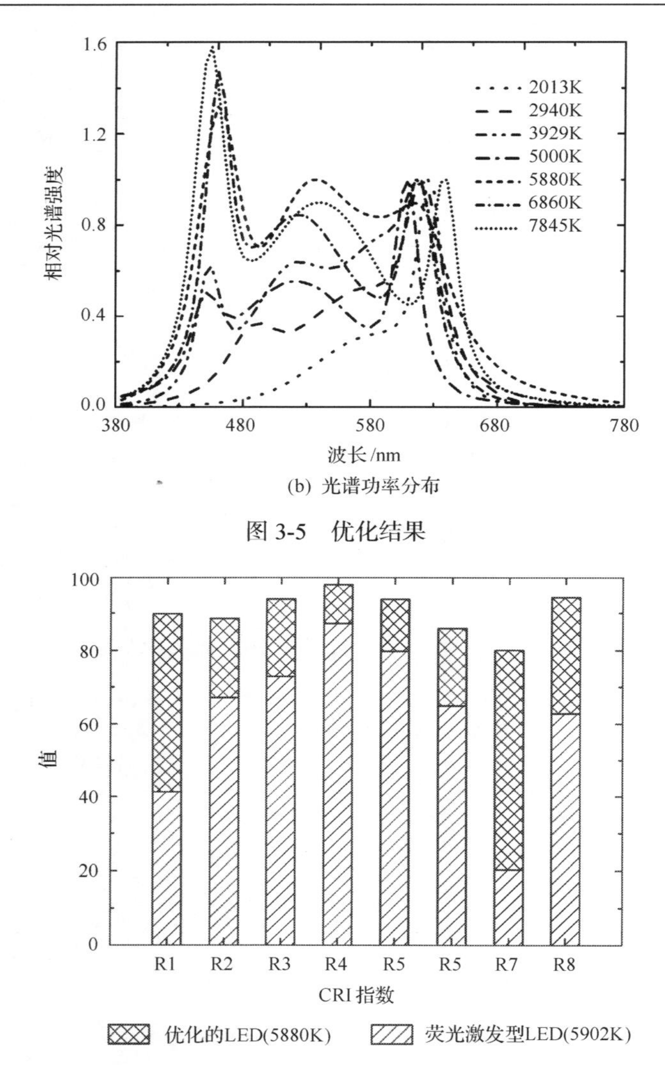

(b) 光谱功率分布

图 3-5　优化结果

图 3-6　5880K 的最优白光 LED 与同色温商用 LED 的 CRI 指数比较

最优光谱的蓝光危害效能 η_B 和光视效能 LER 随其色温变化的数据，如图 3-7 所示。由图可见，当色温由 2013K 增加到 7845K 的过程中，η_B 由 0.02 逐渐增加至 0.28，LER 则由 352 lm/W 逐渐降低至 280 lm/W。随后，利用上节所建立的蓝光危害照明模型，详细分析最优光谱的蓝光危害。

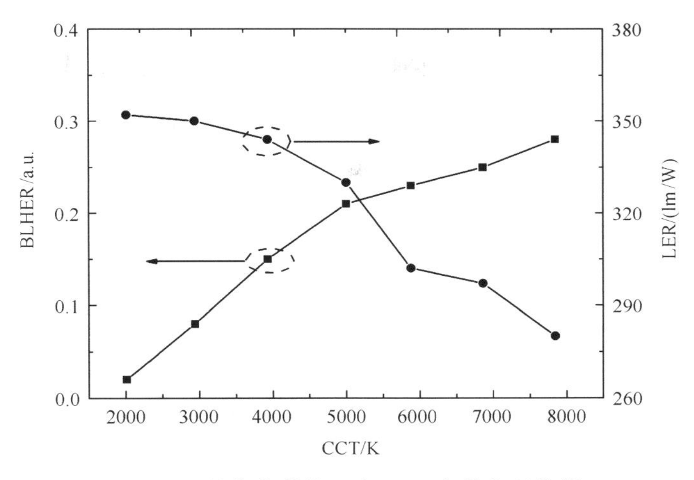

图 3-7　最优光谱的 η_B 与 LER 与其色温数据

根据式(3-5)，计算得到最优光谱在半发光角为 5°、15°、30°、45°、60° 下的 L_B，如图 3-8 所示。由图可见，L_B 随色温的增加而逐渐增加，但随着半发光角的增加而逐渐降低。当发光角为 5°、色温范围为 2940～7845K 时最优光谱光源的 L_B 均大于 $100W/m^2\cdot sr$。因此，可通过公式计算得出最大可曝光时间 t_{max} 分别为 2961s、1643s、1192s、1098s、979s、898s。在色温 5880K 时，L_B 随着半发光角的增加由 910.43 逐渐降低至 $3.26W/m^2\cdot sr$。综上所述，最优 LED 光谱光源的潜在蓝光危害随色温的增加而逐渐增加，随半发光角的增加而逐渐降低。

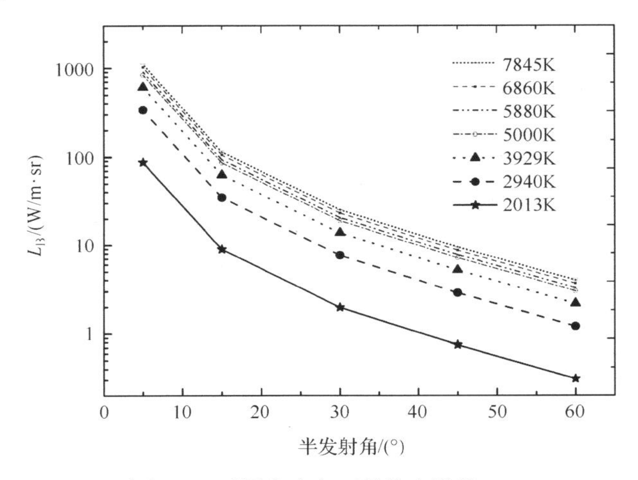

图 3-8　不同发光角下最优光谱的 L_B

3.2.1 节中，色温 5902K 的双色荧光粉激发型白光 LED 的性能指标如下：显色指数 R_a 为 71，最大可曝光时间 t_{max} 为 956s；同色温(5880K)的最优光谱的性能指标如下：显色指数 R_a 为 90，最大可曝光时间 t_{max} 为 1098s。比较可得，虽然上述两光源的色温近似相等，但经过优化，显色指数由 71 增加至 90。更重要的是，相较荧光粉激发型白光 LED，优化光谱的最大可曝光时间增加了 14.9%。因此，通过本节方法，白光 LED 光源的光生物安全性可得到明显提升。

此外，仿真结果与第 2 章未考虑蓝光危害的面向高显色性的光谱优化结果进行比较。2.4 节优化出的色温为 5940K 的白光光谱，其蓝光危害效能 η_B 为 0.24，计算得到当半发光角为 5°时，其 t_{max} 为 1044.9s，本章的方法所优化出的相同色温的白光光谱的最大曝光时间较之增加了 5.1%。随后，设置不同 LER 目标分别为 270 lm/W、300 lm/W、330 lm/W，在满足约束 $R_a \geqslant 90$ 的条件下，以蓝光危害效能最小为优化目标，得到 CCT 以 300K 为间隔由 1800～7800K 下的数据，如图 3-9 所示。

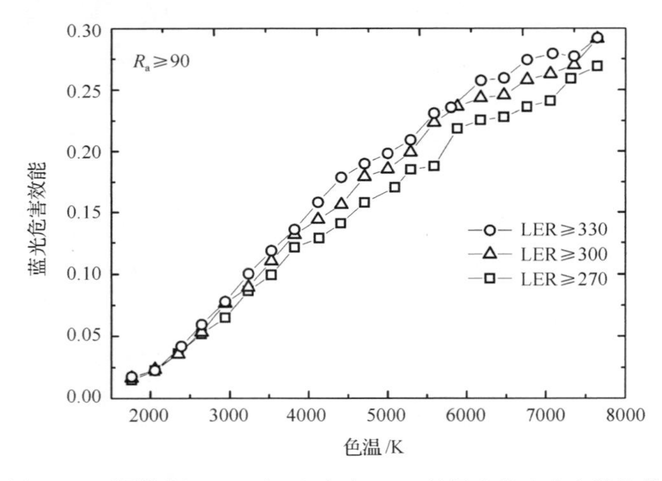

图 3-9　不同期望 LER 下三色白光 LED 的最小蓝光危害效能值

由图可见，在相同 LER 下，最小潜在蓝光危害随色温的增加逐渐增加。随色温由 1800K 增加到 7800K，LER≥270 lm/W 时，最小蓝光危害效能由 0.015 增加至 0.269；LER≥300 lm/W 时，最小蓝光危害效能由 0.016 增加至 0.269；LER≥330 lm/W，最小蓝光危害效能由 0.017 增加至 0.292。

3.3.3　量子点模型和荧光粉模型的蓝光危害性能比较

在传统黄光荧光粉激发型白光LED中掺加红光荧光粉或者红光量子点，是目前提升其显色性能的两种常用方法。红光荧光粉与红光量子点光谱的半峰全宽参数并不相同，这两种LED掺杂方式，哪种方式获得的LED在蓝光危害方面具有更优异的表现尚未系统研究。此外，蓝光危害性能、显色性能、节能性能亦未被系统研究。本节通过光谱优化，比较分析了两种掺杂方式获得LED在蓝光危害方面的表现。

为便于区分，将掺杂红光荧光粉的LED称为荧光粉模型，将掺杂红光量子点的LED称为量子点模型。两种光谱模型均可用式(3-6)表示，不同之处在于，荧光粉模型中红光光谱的半峰宽变化范围为80～120nm[67]，量子点模型中红光光谱的半峰宽变化范围为20～50nm[23]。

1)光谱优化方法

本节提出的面向低蓝光危害的光谱优化方法在于，通过改变参数矩阵中的参数值，最小化光源辐射蓝光危害效能BLHER、约束显色指数CRI、光视效能LER、色温CCT、D_{uv}，获得不同色温下具有高显色性、高光视效能的白光光谱。与式(3-8)类似，该优化问题可描述为[87]

$$\begin{cases}\text{最小化: BLHER}\\ \text{约束: } R_a \geqslant R_{as},\ \text{LER} \geqslant \text{LER}_s,\ D_{uv} \leqslant 0.0054,\ \dfrac{|\text{CCT}-\text{CCT}_{tar}|}{\text{CCT}_{tar}} \leqslant 0.02\end{cases} \tag{3-10}$$

式中，蓝光危害效能BLHER是直接的优化目标；LER_s是对LER的约束值。以该方法分别对量子点光谱模型及荧光粉模型进行仿真计算。

2)量子点模型和荧光粉模型的仿真结果比较

首先，设置一般显色性指数R_a的约束值R_{as}为90，LER_s设置为330 lm/W。通过仿真计算，获得具有最小BLHER的白光光谱。在约束条件(R_a≥90，LER≥300lm/W)下，量子点模型的最小蓝光危害效能BLHER值与色温的关系，如图3-10(a)所示。若最终优化光谱无法满足该约束条件则在图中删除这些光谱数据点。由图可见，通过改变荧光粉光谱模型参数，可获得色温2684K、2946K、3227K、3528K、3825K、4129K下的最小蓝光危害效能；类似地，通过改变量子点光谱模型参数，可获得色温1770～5899K范围内的所有有效最小蓝光危害效能。

由于蓝光危害系数主要受 400～500nm 范围内的蓝光影响[73]，并且，色温随蓝光辐射能量的增加而升高[72]，因此，预期色温 CCT 与蓝光危害效能存在近似线性关系，图中蓝光危害效能值随 CCT 增加的规律证明了这一点。

此外，由图可见，当色温在 2700～4100K 范围内，两光谱模型的最小蓝光危害效能近似相同。因为蓝光危害系数主要覆盖蓝光波长段，可预计蓝光危害效能受红光影响较小，不论该红光来自荧光粉还是量子点。值得注意的是，量子点模型的色温覆盖范围大于荧光粉模型。该差异主要由式(3-6)描述的光谱模型中红光荧光粉与量子点的半峰全宽不相同导致。因此，为制造低蓝光危害、高显色指数、高 LER，量子点模型的 CCT 覆盖范围大于荧光粉模型。

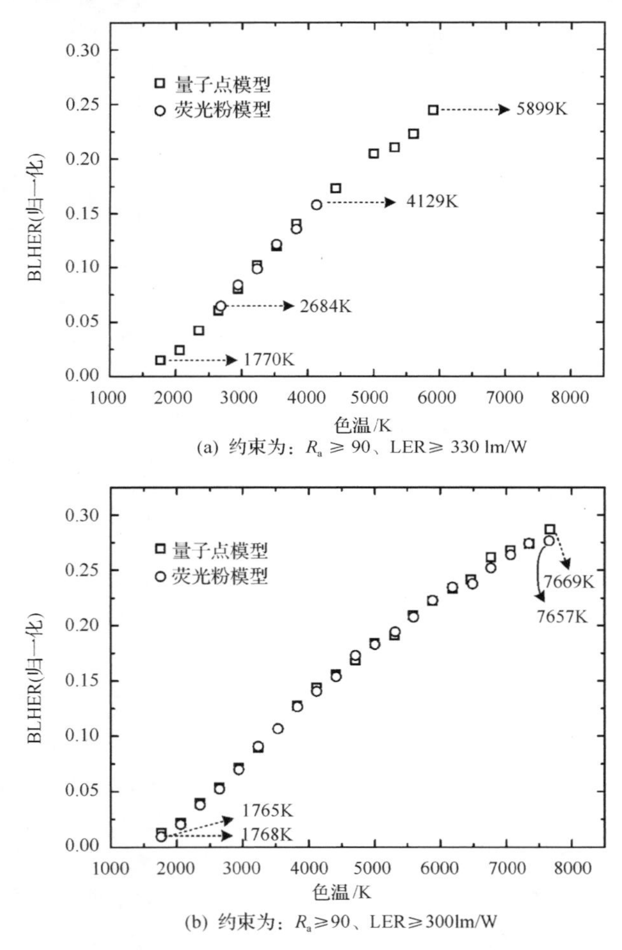

(a) 约束为：$R_a \geqslant 90$、LER≥ 330 lm/W

(b) 约束为：$R_a \geqslant 90$、LER≥300lm/W

图 3-10　不同约束条件下，最小蓝光危害效能值与色温关系

图3-10(b)显示，R_a≥90、LER≥300 lm/W约束条件下，量子点模型与荧光粉模型的最小蓝光危害效能。当色温在1765～7657K范围内，两光谱模型的最小蓝光危害效能近似相同。通过比较3-10(a)与(b)可得出，通过降低LER目标值，CCT覆盖范围可延伸低至1800K、高达7800K。

在约束R_a≥70、LER≥330 lm/W条件下，两模型在目标色温为1800～7800K时的最小蓝光危害效能，如图3-11所示。通过改变量子点模型的光谱参数，获得了色温范围为1766～7431K下的最小蓝光危害效能；改变荧光粉模型的光谱参数，获得了色温范围为2059～5300K下的最小蓝光危害效能。比较图3-10(b)与图3-11可得，显色指数约束为R_a≥70时，色温覆盖范围明显大于显色指数约束为R_a≥90的色温覆盖范围。因此，色温覆盖范围随着显色指数的降低而增加。

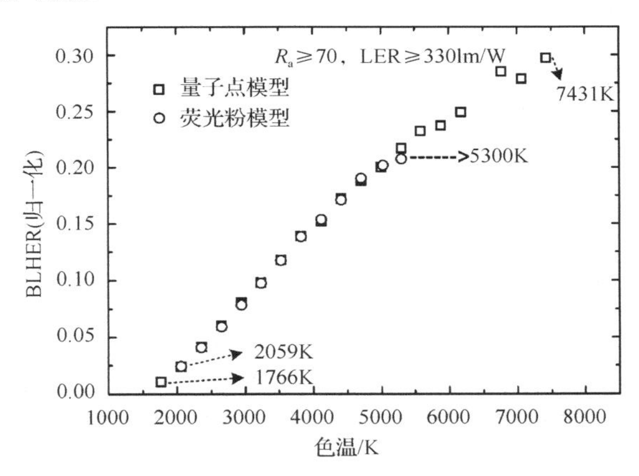

图3-11　图示约束条件下，蓝光危害效能的最优值

由图3-10和图3-11，可综合得出，在相同显色指数与光视效能约束条件下，量子点模型的色温覆盖范围宽于荧光粉模型。因为黄光荧光粉混合量子点封装方式所发光谱为所建荧光粉模型，所以在相同蓝光危害、高显色性、高光视效能下，若想实现具有更宽色温可调范围的发光光谱，建议采用黄光荧光粉混合量子点方式。

基于仿真优化结果，本节选择黄光荧光粉激发型LED掺加红光量子点的方式，分别制造具有高色温及低色温的LED。首先，获得优化结果中包含峰值波长、半峰全宽、光谱相对比例的模型参数；其次，选择符合上述参数的蓝光芯片、黄光荧光粉及红光量子点，不断调整荧光粉和量子点的涂覆量，最终获得具有高色温及低色温的LED。两LED的发光光谱如图3-12所示，光色参数分别为：色温 2648K、高显色指数(R_a=90)、高 LER(325 lm/W)，色温 6723K、显色指数(R_a=90)、高 LER(301 lm/W)。色温为 2468K 的 LED，其蓝光危害效能蓝光危害效能较低为 0.063，非常接近图 3-9(a)中的仿真结果(蓝光危害效能=0.061、CCT=2468K)；类似地，色温为 6723K 的 LED，其蓝光危害系数为 0.278，与仿真结果相近(蓝光危害效能=0.261、CCT=6767K)。

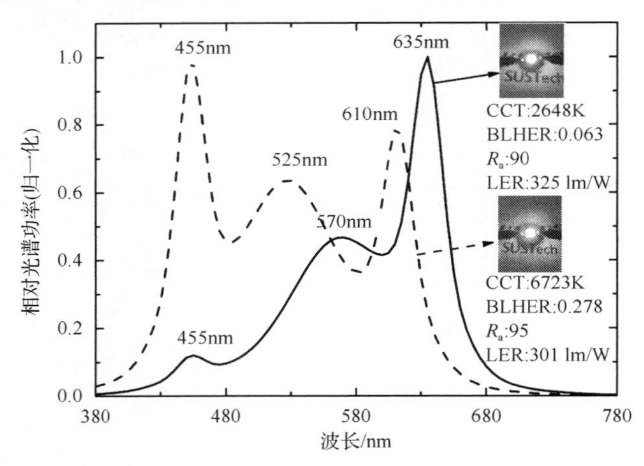

图 3-12　荧光粉激发型白光 LED 掺加红光量子点的两种发光光谱(色温分别为 2648K 及 6723K)

3.3.4　量子点模型的光色参数关系研究

本节主要研究量子点模型的光色参数蓝光危害效能 BLHER、CRI、LER 之间的关系及变化规律。如图 3-13 显示当显色指数 R_a 由 50 增加至 90 条件下、色温范围为 1800～7800K 的最小 BLHER 值。由图可见，显色指数由 50 增加至 90 的过程中，最小 BLHER 值并未发生明显变化。因此，最小 BLHER 值受显色性指数的影响并不明显。

在 LER 约束由 240 lm/W 增加至 360 lm/W、R_a≥70 lm/W 条件下，色温范围为 1800～7800K 时，最小 BLHER 值如图 3-14(a)所示。由图可见，蓝光危害效能 BLHER 随光视效能 LER 的增加而升高。该规律可解释如下：LER 值由发光光谱与明视觉函数求解而得；BLHER 由发光光谱与蓝光危害系数求解而得。明视觉函数与蓝光危害系数在蓝黄光波段(430～550nm)存在交叉。因此，若 LER 值增加，在交叉波段的光谱功率会相应增加，BLHER 亦会随之相应增加。

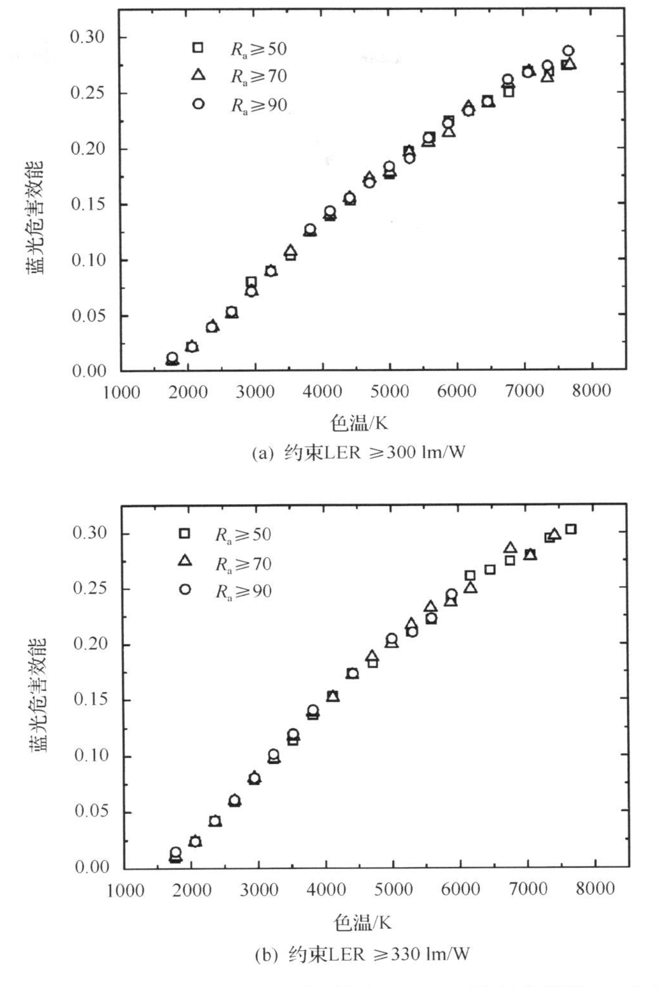

(a) 约束LER ≥300 lm/W

(b) 约束LER ≥330 lm/W

图 3-13　目标色温为 1800～7800K 下，最小 BLHER 随显色指数 R_a 改变的关系

此外，光视效能 LER 对最小蓝光危害效能值的影响非常明显。当 R_a≥70、LER≥360 lm/W，经优化获得色温变化范围为 1765～5590K 的最优白光光谱。当 LER≥240 lm/W、相同 R_a 约束下，可获得满足约束条件的色温范围为 1768～7646K 的最优光谱。因此色温覆盖范围随 LER 的减小而变宽。

此外，如图 3-14(b)所示，R_a≥90 时，蓝光危害效能与光视效能、色温之间的变化趋势与图 3-14(a)相同。即有，最小蓝光危害效能值随光视效能的增加而逐渐增加。并且，在不同的显色指数和光视效能需求下，我们均可获得满足需求的不同色温下的最小蓝光危害效能值。该规律可用于指导不同色温目标、具有最低蓝光危害效能的荧光粉激发型 LED 混合量子点。

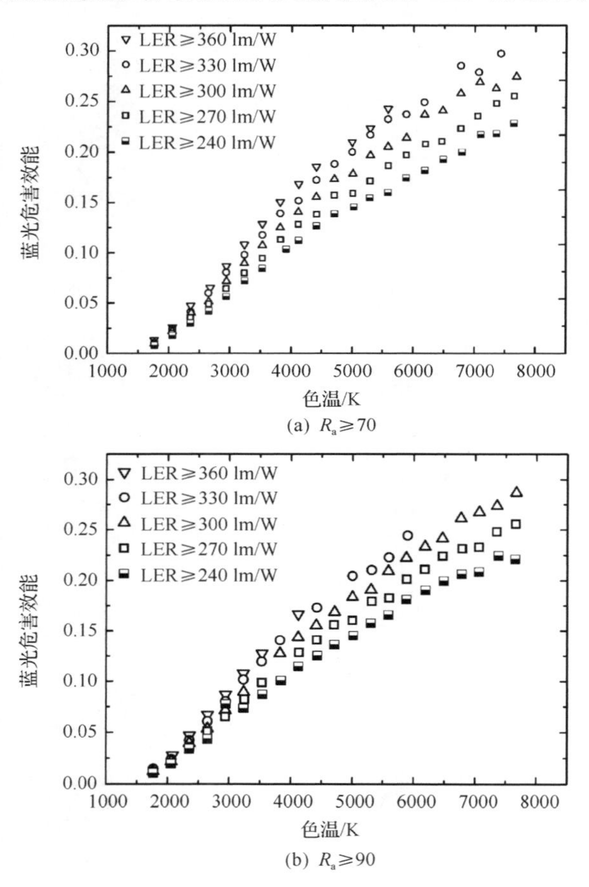

图 3-14　色温由 1800K 升高至 7800K 的过程中，最小蓝光危害效能值随 LER 增加而增加

3.4　面向宽司辰节律因子调节范围的光谱优化

3.4.1　光谱优化方法及结果分析

本节采用不同于以上光谱组成的白光 LED，来实现更大范围的生理作用因子调控。所设计的白光 LED 由蓝光氮化镓(GaN)LED 芯片、铯掺杂的钇铝

石榴石(YAG：Ce^{3+})黄绿色荧光粉和红色量子点(quantum dots, QDs，其光学性能将在下一节详细介绍)三种光谱组成。这种光谱组成的优势在于，黄绿色荧光粉的光谱处于明视觉函数的峰值波段，因此可以获得高光效，红色量子点的加入，补充了红光波段的空白，可以保证高显色指数。因此，该量子点白光 LED 具有本征的高光效、高显色性能的特点，在司辰节律因子的调节能力上不易受到显色指数的制约，有望达到更好的调节效果。

量子点白光 LED 的司辰节律因子调节，可以通过动态地调整光谱中对应分量的能量比例、峰值波长以及半峰宽来实现。为了寻找最大司辰节律因子调节范围所对应的光谱分布，这里将最大和最小司辰节律因子的比值作为目标函数 f:

$$f(\lambda_{1i};\lambda_{2i};p_{1i};p_{2i})_{i=\mathrm{b,y,r}}=\frac{a_{c,\max}(\lambda_{1\mathrm{b}},\lambda_{1\mathrm{y}},\lambda_{1\mathrm{r}};p_{1\mathrm{b}},p_{1\mathrm{y}},p_{1\mathrm{r}})}{a_{c,\min}(\lambda_{2\mathrm{b}},\lambda_{2\mathrm{y}},\lambda_{2\mathrm{r}};p_{2\mathrm{b}},p_{2\mathrm{y}},p_{2\mathrm{r}})} \tag{3-11}$$

式中，$a_{c,\max}$ 和 $a_{c,\min}$ 分别代表最大和最小司辰节律因子值；λ_{1i} 和 p_{1i} 分别代表司辰节律因子最大时，蓝、黄、红三种光谱分量对应的峰值波长和相对峰值强度；λ_{2i} 和 p_{2i} 分别代表司辰节律因子最小时，三种光谱分量对应的峰值波长和相对峰值强度。目标函数 f 还受到其优化目标的制约，如 CCT、LER 和 CRI 等。在寻优过程中，首先限定 LED 芯片、荧光粉与量子点的半峰全宽分别为 30nm、103nm 和 32nm，这也是三种材料的典型值；峰值波长的变化范围为：$\lambda_{1\mathrm{b}}=\lambda_{2\mathrm{b}}=455\mathrm{nm}$，$500\mathrm{nm}\leqslant(\lambda_{1\mathrm{y}},\lambda_{2\mathrm{y}})\leqslant600\mathrm{nm}$，$600\mathrm{nm}\leqslant(\lambda_{1\mathrm{r}},\lambda_{2\mathrm{r}})\leqslant750\mathrm{nm}$。

为获得具有宽司辰节律因子调节范围、高效节能的 LED 光源，优化光谱时，需同时考虑光源的司辰节律因子调节范围、光视效能、显色指数、色温等。基于此，本节提出的面向宽司辰节律因子调节范围的光谱优化方法，在于通过改变参数矩阵中的参数值，最大化 LER，最大化最大与最小司辰节律因子的比值，获得不同色温下具有高显色性的白光光谱。此外，合成光谱与相同色温普朗克黑体在 CIE1960 uv 色度图上的坐标差(D_{uv})应小于 0.0054[53]。本文通过最大化最大与最小司辰节律因子比值的同时，约束光视效能 LER、CRI 显色指数、色温 CCT、色差 D_{uv} 的方式获得最优光谱，该优化问题可表述为

$$\begin{cases}\text{最大化：} f(\lambda_{1i};\lambda_{2i};p_{1i};p_{2i})_{i=\mathrm{b,y,r}}\\ \text{约束：} \mathrm{LER}>\mathrm{LER_s},\ R_{\mathrm{a}}>R_{\mathrm{as}},\ D_{\mathrm{uv}}\leqslant0.0054,\dfrac{|\mathrm{CCT}-\mathrm{CCT_{tar}}|}{\mathrm{CCT_{tar}}}\leqslant0.02\end{cases} \tag{3-12}$$

式中，$f(\lambda_{1i};\lambda_{2i};p_{1i};p_{2i})_{i=\mathrm{b,y,r}}$ 是直接的优化目标；$\mathrm{LER_s}$ 是对光视效能的约束值，此处为 250 lm/W；R_{as} 是对一般显色性指数 R_{a} 的约束值；$\mathrm{CCT_{tar}}$ 为色温的优化目标值，以 60K 为步长由 2700K 增加至 6500K，光谱实际色温 CCT 与色温目标值 $\mathrm{CCT_{tar}}$ 的偏差应小于 2%。与 3.3.2 节相似，上述优化问题以基于罚函数的遗传优化算法实现。

在不同色温（$\mathrm{CCT_{tar}}$=2700～6500K）和显色指数 CRI（R_{as}=75，90，95）限制下，经优化，得到光谱最大与最小的司辰节律因子值变化情况，如图 3-15 所示。由图可见，相较色温为 2700K 的荧光灯（司辰节律因子为 0.363）和传统的暖白光 LED 光源（司辰节律因子为 0.3），优化的量子点白光 LED 可以达到更高或更低的司辰节律因子值。以 CRI＞75 限制下为例，2700K 的量子点白

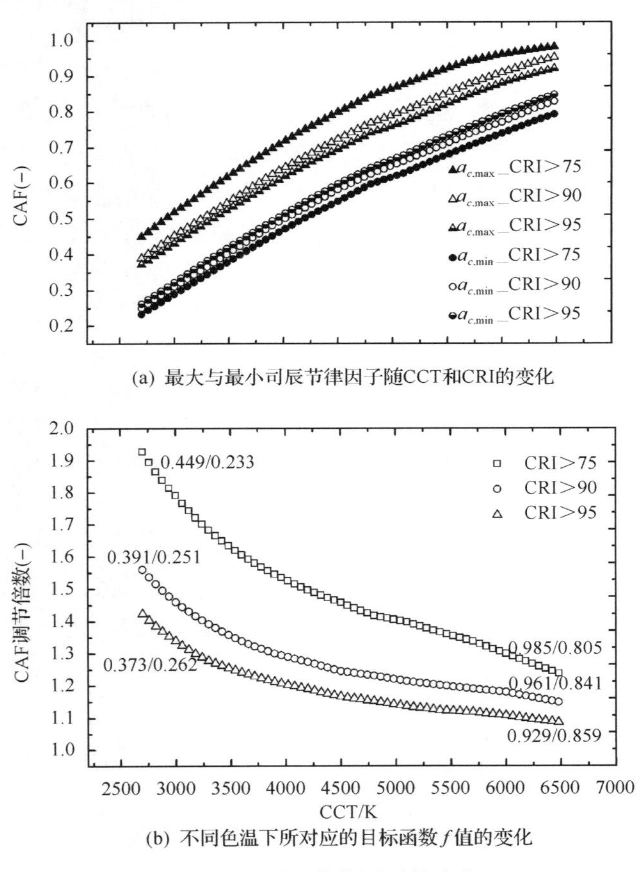

(a) 最大与最小司辰节律因子随CCT和CRI的变化

(b) 不同色温下所对应的目标函数 f 值的变化

图 3-15 司辰节律因子的变化

光LED的司辰节律因子值可以从0.233变化到0.449，变化范围覆盖同色温下荧光灯的64%～124%。这说明，暖色的量子点白光LED可以产生比荧光灯更低的视网膜神经节细胞刺激值。在CRI＞90的限制下，司辰节律因子的最大值可达到最小值的3.83倍(从2700K的0.251到6500K的0.961)。作为对比，利用四色LED芯片在相同CRI下的理论司辰节律因子调节倍数为3.11倍(从0.351到1.038)[55]；在相同CRI条件下，利用三色LED模块的理论司辰节律因子调节倍数为3.25倍(从0.294到0.957)[57]。因此，采用量子点白光LED的方案，能够在减少光谱分量数目的同时，提高司辰节律因子调节能力。

此外，由图3-15(b)可见，司辰节律因子调节倍数和CRI之间存在着权衡关系。例如在CCT=2700K，CRI＞75时，最大可调司辰节律因子为0.449，对应的光谱分量波长为λ_{1y}=523nm、λ_{1r}=619nm，最小可调司辰节律因子为0.233，对应的光谱分量波长为λ_{2y}=585nm、λ_{2r}=644nm，司辰节律因子调节倍数为1.93；当CRI限制增大为90时，最大可调司辰节律因子为0.391，对应的光谱分量波长为λ_{1y}=569nm、λ_{1r}=637nm，最小可调司辰节律因子为0.251，对应的光谱分量波长为λ_{2y}=548nm、λ_{2r}=623nm，司辰节律因子调节倍数降低为1.56；当CRI进一步增大到95时，最大和最小可调司辰节律因子变为0.373和0.262，对应光谱分量波长为λ_{1y}=561nm、λ_{1r}=630nm、λ_{2y}=559nm和λ_{2r}=627nm，司辰节律因子调节倍数进一步降低为1.42。值得注意的是，虽然CCT的增加，明显地减小了司辰节律因子的调节倍数，但CCT的变化对司辰节律因子的绝对可调范围的大小并没有明显影响，如在R_a＞90限制下，在2700K时，司辰节律因子的绝对可调范围大小为0.14(0.391～0.251)，而在6500K时，绝对可调范围大小为0.12(0.951～0.841)。司辰节律因子调节倍数随色温增加而减小的原因，主要是由于最小可调司辰节律因子的变大。图3-16画出了在显色指数R_a限制分别为75、90和95时，达到上述司辰节律因子最大或最小值时量子点白光LED的相对光谱分布。

在实际封装中，由于蓝光LED芯片和荧光粉的波长调控较困难，而量子点的发光峰值波长，可以随着其化学组成和粒径大小而自由调控，因此本书单独分析了最大司辰节律因子可调节倍数随着红色量子点波长变化而变化的规律。其中，司辰节律因子的调节倍数仍定义为在6500K时的最大司辰节律因子和在2700K时的最小司辰节律因子之比；量子点的峰值波长变化范围为610～670nm，这个波长变化范围可以通过改变量子点合成过程中核层和壳层前驱体的摩尔比例来实现。例如，磷化铟/硫化锌(InP/ZnS)核壳结构量子点的发光峰值波长，可以通过逐步增加InP前驱体对硬脂酸锌的比例(从1/2到16)

实现从蓝光到近红外的调控[88]；在优化过程中，CRI 限定为大于 80。因此，在这个光谱优化过程中变量也是五个，分别为荧光粉和量子点的波长以及三个光谱分量的相对峰值强度。

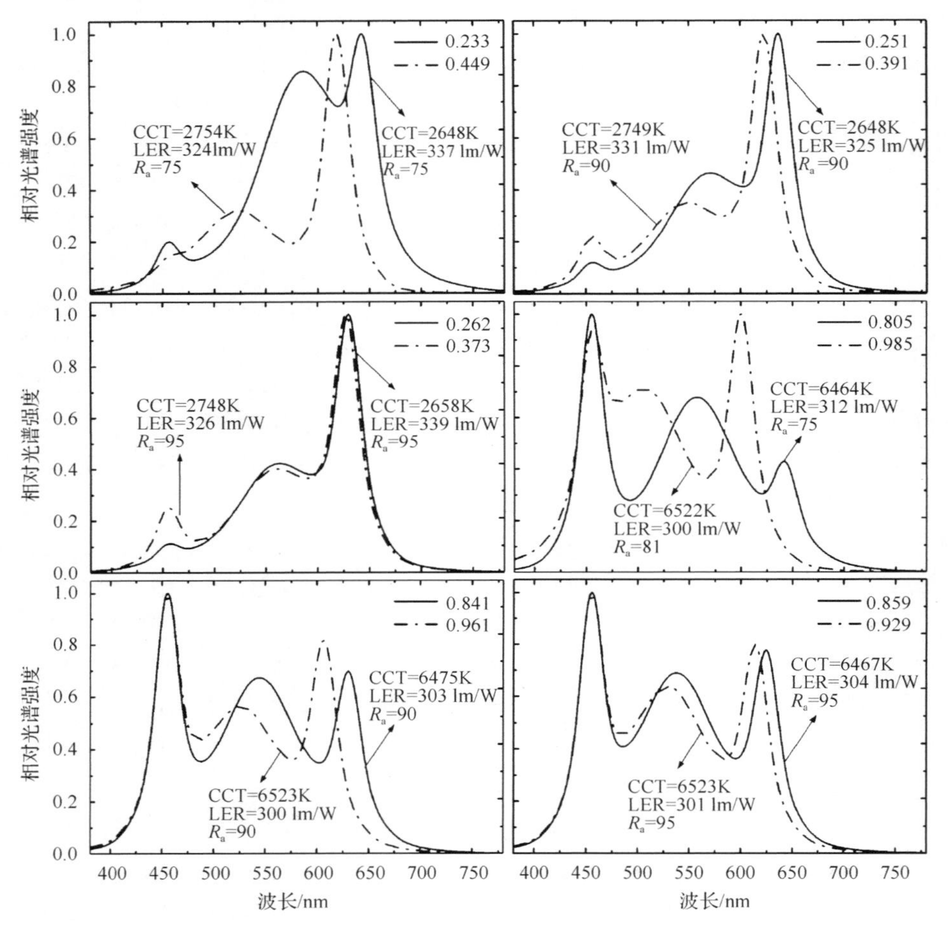

图 3-16　不同 CRI 限制下，量子点白光 LED 的相对光谱分布

如图 3-17(a)所示，显示了随着量子点发光峰值波长从 610nm 逐步增加到 670nm 时，司辰节律因子最大调节倍数的变化规律。从结果中可以发现，随着量子点发光峰值波长逐步增大，司辰节律因子最大调节倍数首先增大，随后逐渐减小，在量子峰值波长为 620nm 时达到峰值 4.11 倍。在色温为 2700K 时，最小司辰节律因子值为 0.243，相应的三个峰值发光波长为 455nm、570nm

和 620nm；在色温为 6500K 时，最大司辰节律因子值达到 0.997，相应的三个峰值发光波长为 455nm、519nm 和 620nm；将这个结果与图 3.2.3 比较可以发现，当量子点的峰值发光波长为 620nm 时，量子点白光 LED 可以达到之前的最大司辰节律因子(0.997)，但并不能达到之前的最小司辰节律因子(0.233)，这主要是由于在本次优化中显色指数的限制值提高了。如图 3-17(b)所示，显示了达到最小和最大司辰节律因子时所对应的量子点白光 LED 相对光谱组成。

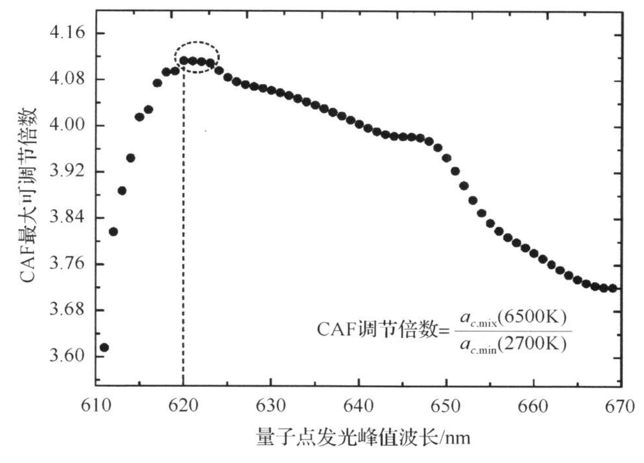

(a) 量子点发光峰值波长增加时的CAF调节倍数变化规律

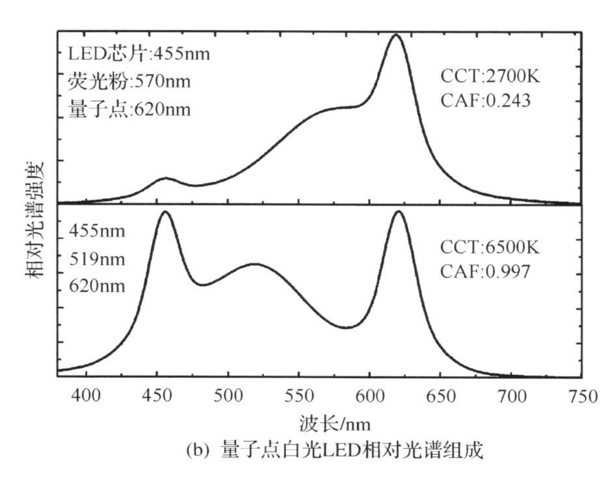

(b) 量子点白光LED相对光谱组成

图 3-17　量子点发光波长变化时的最优化结果

考虑到量子点的光谱半峰全宽也可以在合成过程中进行调控，本节进一步地探究了量子点白光 LED 的最大司辰节律因子可调节倍数，随着量子点的光谱半峰全宽变化而变化的规律。其中，优化的目标是在色温为 2700K、λ_{1b}=455nm、λ_{1y}=570nm、λ_{1r}=620nm 和 CRI＞80 条件下，优化得到最小可调司辰节律因子，以及在 CCT 为 6500K、λ_{2b}=455nm、λ_{2y}=519nm、λ_{2r}=620nm 和 CRI＞80 条件下，优化得到最大可调司辰节律因子；量子点的半峰全宽变化范围为 20～90nm，间隔 5nm。这个半峰全宽可以通过调节量子点合成过程中的粒径分布来控制。例如，通过粒径均一化分布的核心和表面钝化的壳层，硒化镉/硫化镉（CdSe/CdS）核壳结构量子点的半峰全宽可以从 20nm 变化到 40nm[89]；而通过调控壳层前驱体的浓度来调节粒径，也可以实现半峰全宽从 40nm 到 90nm 的调控[90]；因此，本次光谱优化也可以得出最大司辰节律因子可调节倍数随着量子点发光半峰全宽的变化规律。

如图 3-18 所示，显示了最大和最小可调司辰节律因子以及最大司辰节律因子可调节倍数，随着量子点发光半峰全宽的变化规律。从结果中可以发现，随着量子点发光半峰全宽逐渐增大，最大和最小可调司辰节律因子都出现了各自的最优值。在色温为 2700K，当量子点的发光半峰全宽为 40nm 时，最小可调司辰节律因子取得最优值 0.241；在色温为 6500K，当量子点的发光半峰全宽为 30nm 时，最大可调司辰节律因子取得最优值 0.995。在最大和最小司辰节律因子的共同作用下，最大司辰节律因子可调节倍数在量子点发光半

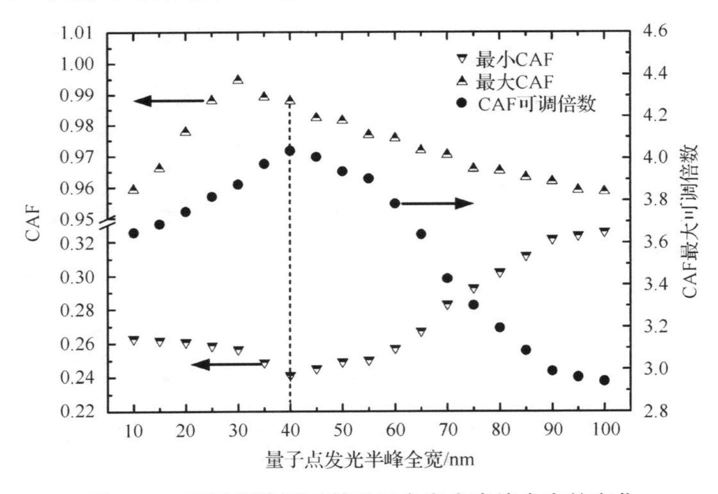

图 3-18　司辰节律因子随量子点发光半峰全宽的变化

峰全宽为 40nm 时取得最大值 4.01 倍，太宽或太窄的半峰全宽均不能得到很好的司辰节律因子调节倍数。值得注意的是，过于宽的量子点半峰全宽会导致最大司辰节律因子可调节倍数严重减小。例如，当量子点半峰全宽为 90nm 时，最大司辰节律因子可调节倍数仅为 2.94 倍。而 90nm 正是典型的红色荧光粉的半峰全宽。因此，红色量子点比传统红色荧光粉更加适用于调节白光 LED 的司辰节律因子。

3.4.2　宽司辰节律因子调节范围的白光 LED 封装设计

从上一节的光谱优化结果中，可以得出结论：由蓝光 LED 芯片、黄色荧光粉和红色量子点所组成的量子点白光 LED，可以取得更大的司辰节律因子调节倍数，同时减少光谱分量的数量。然而，与所有的光谱优化问题一样，如何实现所得到的最优化光谱，也是量子点白光 LED 的一大难点。因此，在本节中，将详细介绍如何通过封装设计，来实现宽司辰节律因子调节范围的量子点白光 LED。

根据上一节的光谱优化结果，当 CRI＞95 时，最大和最小可调司辰节律因子分别对应光谱分量的峰值波长为 λ_{1y}=561nm、λ_{1r}=630nm、λ_{2y}=559nm 和 λ_{2r}=627nm。本节选取这一组优化值来进行封装设计。

首先，选取封装材料。对于蓝光 LED 芯片，可直接选取封装领域最常用的 GaN 蓝光 LED 芯片，发光峰值波长为 455nm，芯片尺寸为 1mm×1mm×0.1mm；对于荧光粉，根据所需要的波长，可以选取发光峰值波长为 555nm 的 YAG: Ce^{3+}陶瓷荧光粉。采用这款荧光粉的另一个优势在于，其发光光谱正好落在人眼明视觉函数响应值最大的区域，因此可以保证白光 LED 的高光效。

其次，选取量子点。对于量子点，在选择之前有必要介绍其基本光学性能。量子点作为近年来非常受关注的半导体光转换材料，已经在照明和显示领域被广泛采用[91,92]。如图 3-19 所示，显示了传统的半导体发光材料和量子点的能级结构示意图。不同于体材料连续的能级结构，量子点的尺寸在纳米级别(2～10nm)，在这个尺寸范围上，激子能明显“感知”到粒子的边界。因此，改变量子点的尺寸，可以明显改变其发光光谱，即所谓的“量子限域效应(或量子尺寸效应)”。由于量子限域效应，量子点的价带和导带能级也是分立的，因此也称量子点为“人造原子”。得益于量子尺寸效应，量子点的发光半峰全宽非常窄(可达到 20nm)，因此其颜色纯度高，用于半导体显示器件中，可以获得比传统荧光粉转化 LED 更宽的色域。

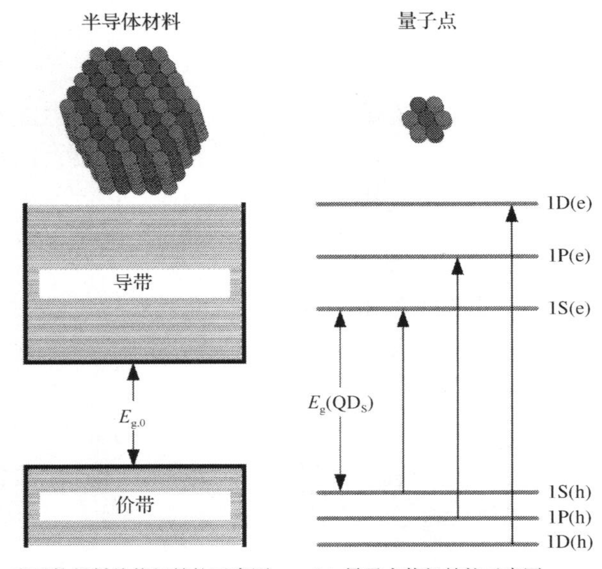

图 3-19　体材料与量子点的能级示意图

目前，Ⅱ-Ⅵ族化合物量子点，如硒化镉(CdSe)、硫化铅(PbS)及其相似化合物展现出了优秀的发光特性，如光致发光量子产率(photoluminescence quantum yields, PL QYs)高达 97%，半峰全宽达到 20nm[92,93]；此外，多元合金量子点，如铜铟硫($CuInS_2$)、银铟硫(AgI)nS_2 等，凭借其更大的能带调控自由度也被学者广泛采用[94-96]；钙钛矿量子点(perovskite QDs)[97-99]，如全无机金属卤化物(卤化铅铯，$CsPbX_3$，X=Cl、Br、I)、有机无机掺杂金属卤化物($ZPbX_3$，Z=MA、EA、FA，X=Cl、Br、I)等也凭借其高量子产率、低反应温度和极其窄的半峰全宽成为了当前的研究热点。

尽管当前量子点的种类众多，但可供选择用于调节量子点白光 LED 司辰节律因子的并不多。根据要求，所选用的量子点发光峰值波长须在 630nm 左右，半峰全宽须在 30nm 左右。由于多元合金量子点的半峰宽通常较宽(约等于 80nm)，而钙钛矿量子点在红光波段的晶格结构是亚稳相，其稳定性无法达到要求，在本应用中，选择最常规的 CdSe 量子点来进行白光 LED 封装。CdSe 量子点单独作为光转换材料时表面缺陷多，光致发光量子产率较低，且光学稳定性不高，需要在其表面包裹一层壳层，形成核壳结构。该结构中，宽能带的壳层材料所起的作用是钝化核层材料的表面缺陷，使核心材料与外部环境隔离，将载流子限制在核心中，从而提高稳定性和发光效率[93]。在壳层材料的选择上，首先需要保证其能带宽度与核层材料相匹配，其次需要保证壳层材料与核层材料具有相近的晶体结构，以及尽量小的晶格失配度，否则在核壳界面处会产生应力，导致结构缺陷增多，降低光致发光量子产率。因此，选择硫化锌(ZnS)作为壳层，合成硒化镉/硫化锌(CdSe/ZnS)核壳结构量子点，这种结构已经被验证具有良好的发光性能。

合成CdSe/ZnS量子点的具体步骤如下：

第一步，合成CdSe核心。首先，将0.4mmol氧化镉(CdO)和3.2mmol硬脂酸(stearic acid)在50ml三口烧瓶中混合均匀，随后在氩气(Ar)保护下加热到220℃，得到澄清的无色溶液；随后将溶液冷却到室温，再向溶液中加入50mmol十八胺(Octadecylamine, ODA)和10ml十八烯(Octadecene, ODE)，并在氩气保护下加热到270℃；接下来将加热设备移除，向溶液中迅速注入4mmol硒源(溶解在4ml三辛基磷中)，并在250℃下加热6min；最后，将混合溶液冷却到室温，通过萃取、离心等操作将CdSe从混合溶液中提纯出来。

第二步，准备壳层前驱体。将2mmol氧化锌(ZnO)溶解在16mmol油酸(oleic acid, OA)中，再加入15ml十八烯，并加热到290℃，制备得到0.1mol/l的锌前驱体溶液；将硫粉溶解在十八烯中，并加热到130℃，制备得到0.1mol/l的硫前驱体溶液。

第三步，合成CdSe/ZnS核壳结构量子点。首先，在50ml三口烧瓶中，将红色的硒化镉核心溶解在5ml正己烷中，再加入1.6g十八胺和4ml十八烯；随后将反应体系在70℃下抽真空30min，除去体系中的正己烷，接着在100℃下继续抽真空，除去反应体系中残留的空气后通入氩气，并升温到140℃，为壳层前驱体的注入做准备；接下来，将0.5ml TOP溶液注入反应体系中作为活化剂，并将反应体系在210℃下加热30min；活化完成后，将0.33ml锌前驱体溶液(0.1mol/l)注入反应体系中，并在200℃下加热20min；紧接着将0.33ml硫前驱体溶液注入反应体系，并将温度升高到220℃加热60min，此时在硒化镉核心外表面开始生长第一层单层ZnS；接下来，重复上述注入锌源和硫源的操作，使得ZnS壳层厚度逐层增加。反应完毕后，将反应产物用正己烷稀释，并用甲醇萃取，重复三次。最终，将溶液离心并溶解在正己烷中备用。

第四步，决定封装方法。在确定了封装材料后，需要将三种材料封装成白光LED器件。对于蓝光LED芯片的封装已经非常成熟，可以采用回流焊技术将LED芯片固定在引线框架上，再通过打线机在LED芯片上用金线完成电连接。对于YAG荧光粉的封装，可以采用业界普遍使用的方法，将荧光粉与热固化硅胶混合，去除气泡后点涂在LED芯片上[18]。而对于量子点的封装，目前存在两个技术难点[23]：一是量子点和硅胶的化学兼容性问题。量子点表面配体中包含的氮、硫、磷等元素与硅胶中的珀金催化剂接触，会使得催化剂失效，导致硅胶无法固化；二是量子点的稳定性问题。作为纳米级颗粒，量子点颗粒不可避免地产生团聚现象，特别是在高温封装过程和高工作温度下。此外，量子点对小分子如水、氧的侵蚀抵抗能力较差，这些水氧会侵蚀量子点的表面配体，导致缺陷态增多，发光效率明显降低。因此，为了解决以上技术难题，需要提出封装手段，避免量子点颗粒之间的团聚，增强量子点对水氧侵蚀的抵抗能力，同时避免量子点与铂金催化剂的直接接触。

基于上述目标，本书采用介孔硅微球作为基体，将量子点颗粒嵌入到介孔硅微球的纳米级孔道中，制备得到量子点—介孔硅发光微球（QDs luminescent micro spheres，QDs-LMS）[100]。量子点和介孔硅之间通过静电吸附作用结合在一起，纳米孔道既可以将量子点颗粒彼此隔离开，也可以大幅度地避免量子点与硅胶的直接接触，因而可以避免量子点颗粒团聚，同时避免量子点毒化硅胶中的铂金催化剂，并且，可以在一定程度上保护量子点不被水氧侵蚀，最终实现高发光效率、高稳定性的白光 LED。

量子点—介孔硅发光微球的制备方法采用溶胀法，如图 3-20 所示，显示了溶胀法制备量子点—介孔硅发光微球的示意图，其具体步骤为：首先将 100mg 粒径为 30～60μm、孔道直径约为 7nm 的介孔硅（购于阿拉丁）溶解在 20ml 正己烷中，再加入之前制备的 CdSe/ZnS 量子点 20mg（溶于正己烷）；随后将混合物开口置于 60℃下磁力搅拌。随着时间的推移，正己烷逐渐从混合物中蒸发，驱使着量子点逐渐进入介孔硅的纳米孔道中。当正己烷完全蒸干，即得到量子点—介孔硅发光微球粉末，将粉末放入 50℃干燥箱中干燥后即可使用。

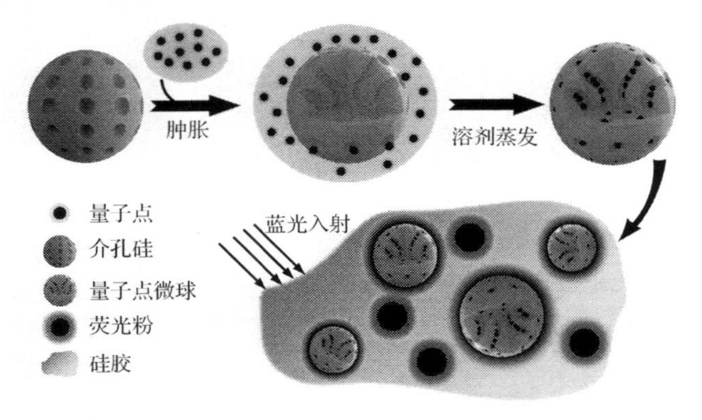

图 3-20　溶胀法制备量子点—介孔硅发光微球的示意图

第五步，封装并测试。首先将YAG: Ce^{3+}荧光粉和量子点—介孔硅发光微球按一定比例加入硅胶(OE-6550，A:B=1:1)中，充分搅拌后抽真空30min，除去胶体气泡，随后，将胶体混合物点涂在LED芯片表面，放入烘箱中150℃固化30min，并盖上保护透镜，完成封装。采用积分球来对所封装的量子点白光LED进行光学参数测试。

如图3-21所示，显示了所制备的CdSe/ZnS量子点的高分辨扫描电子显微镜(high resolution transmission electron microscope，HRTEM)图片、扫描电子显微镜(scanning electron microscope，SEM)照片及其发光光谱分布。从图

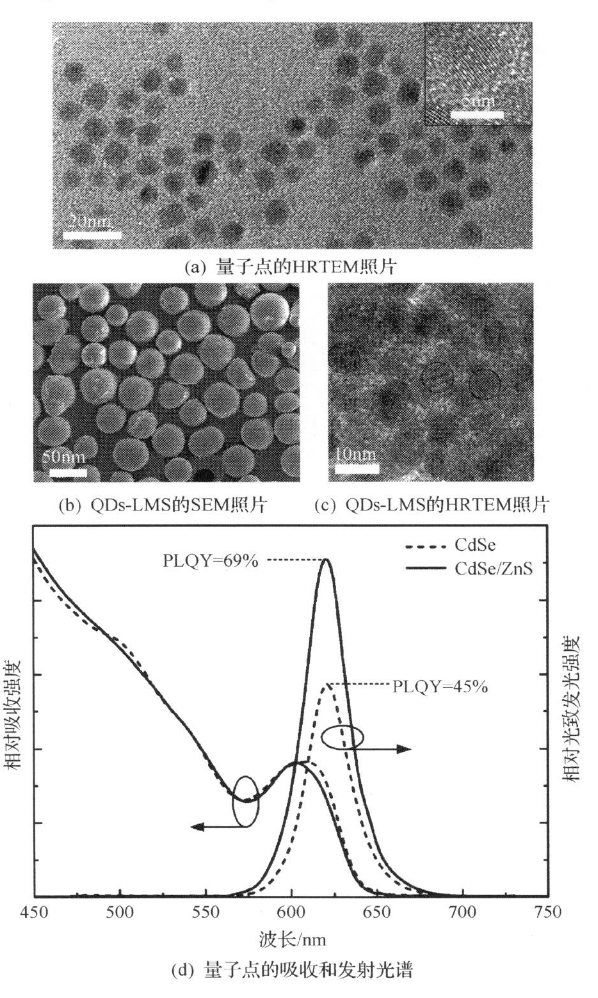

(a) 量子点的HRTEM照片

(b) QDs-LMS的SEM照片 (c) QDs-LMS的HRTEM照片

(d) 量子点的吸收和发射光谱

图3-21 所制备得到的CdSe/ZnS量子点特征图

3-21(a)中可以看出，所制备的量子点平均粒径约为 6.4nm，并且有较均匀的粒径分布和清晰的晶格衍射条纹，因此该量子点可以比较轻松地嵌入到介孔硅的纳米孔道中。从图 3-21(b)的 SEM 图中可以看出，所制备的 QDs-LMS 的粒径为 20～40μm，基本与厂家提供的粒径分布数据一致。从图 3-21(c)的 HRTEM 图中可以看到，在介孔硅微球的内部嵌有量子点颗粒，证明溶胀法可以将量子点嵌入介孔硅中。从图 3-21(d)的光谱中可以发现，CdSe 量子点和 CdSe/ZnS 的发光峰值波长都为 625nm，包壳前后发射峰并无明显偏移；而包壳后，量子点的 PL QYs 从 45%显著提升到 69%，说明壳层的钝化大幅度地减少了量子点的表面缺陷，提高了发光效率[93]。

如图 3-22 所示，为积分球测得的量子点白光 LED 在 CIE 色品图上的色坐标，以及其对应的光谱分布图。所制备的量子点白光 LED 样品的色温分别为 3271K、4694K、5388K、6388K、7808K。所有样品的显色指数均大于 95，特别指出的是，所有样品的 R_9 值(光源显示深红色的能力)均大于 93。其中，在 CCT 为 3271K 时，计算得到的司辰节律因子值为 0.352，是 2700K 色温下荧光灯的 97%，因此该色温下的样品可以用于夜间照明；当 CCT 逐渐增加时，光谱中蓝光 LED 所占比例逐渐提高，导致最小司辰节律因子逐渐增大。在 CCT 为 7808K 时，司辰节律因子值为 1.108，是 CIE 标准日光光源 D_{65} 的 110%，因此该色温下的样品可以用于工作区域的照明。综合以上测试结果，实验得到的量子点白光 LED 可以在 R_a>95、R_9>93 的高显色指数条件下，达到 3.15 倍的司辰节律因子调节倍数，证明了量子点白光 LED 在生理作用因子调控上具有其突出的优势。

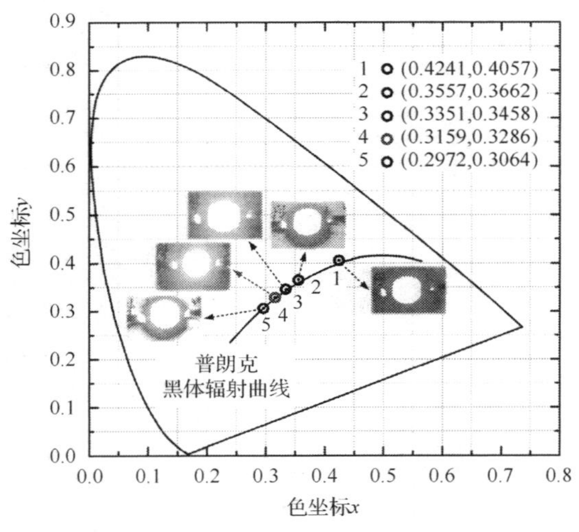

(a) 在CIE色品图上的位置(插图为点亮图片)

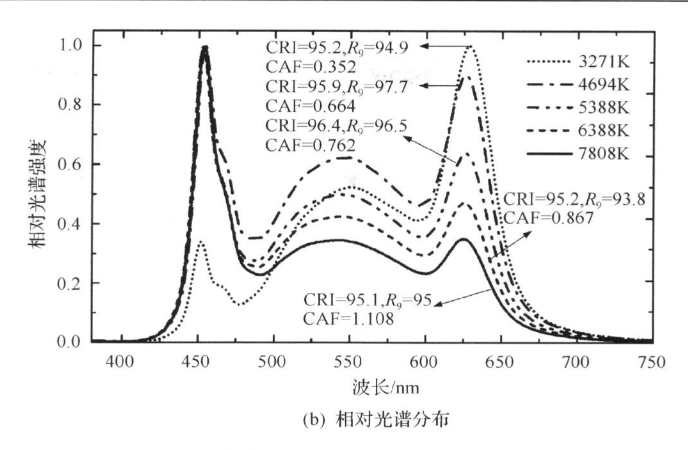

(b) 相对光谱分布

图 3-22　封装得到的量子点白光 LED 性能

此外，为了说明量子点嵌入介孔硅后的光学稳定性确有提高，将 CdSe/ZnS 量子点和 QDs-LMS 分别与聚甲基丙烯酸甲酯(pdymethyl methacrylate，PMMA)混合，制备了 QDs-PMMA 薄膜和 QDs-LMS-PMMA 薄膜，并将两种薄膜放入高温高湿(85℃，85%相对湿度)老化箱中进行加速老化试验，每间隔一段时间测试两种薄膜的相对发光效率。如图 3-23 所示，为测得的两种样品在加速老化期间，相对光效的衰减情况。可以看出，未嵌入介孔硅的量子点在经过 180h 的加速老化后，相对光效只有初始值的 45%；而将量子点嵌入介孔硅后，经过 180h 的加速老化，量子点薄膜仍然维持着 90%以上的相对光效。也就说明，介孔硅的存在，可以显著地提高量子点抗水氧和高温侵蚀的能力。这也与最初的封装目标相吻合。

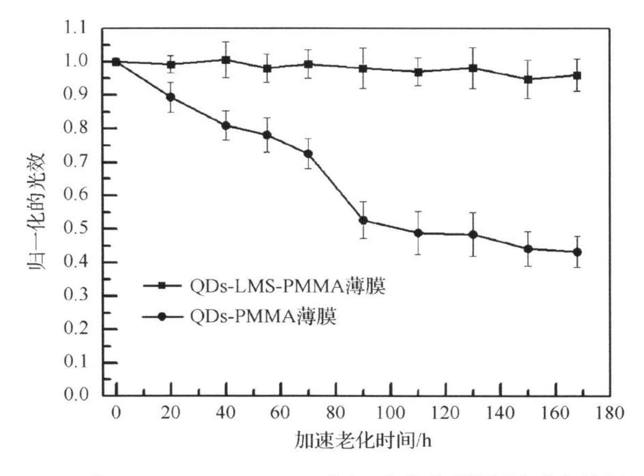

图 3-23　QDs-PMMA 和 QDs-LMS-PMMA 在加速老化期间相对光效随时间的变化曲线

3.5 本 章 小 结

本章首先测试了日常生活中常用的 8 种照明光源光谱，并分析了相应的潜在蓝光危害。分析表明，常用光源难以同时具有高光视效能、高显色指数及低蓝光危害。其次，基于惩罚函数的遗传算法，建立了面向低蓝光危害、高光视效能、高显色指数的白光 LED 光谱优化方法。通过大量的仿真，具有高光视效能(LER≥297 lm/W)、高显色指数(CRI≥90)、色温范围大范围可调(2013～7845K)的白光 LED 光谱。与同色温黄光荧光粉激发型双色 LED 比较，最有光谱允许的曝光时间增长了 14.9%。再次，分析比较了量子点光谱模型与荧光粉模型在蓝光危害上的表现，实验表明，在相同显色指数和光视效能的约束下，两模型的最小蓝光危害效能几乎相等，但量子点模型的色温覆盖范围明显宽于荧光粉模型。最后，系统分析了量子点模型的最小蓝光危害效能与显色指数、光视效能之间的关系。分析表明，最小蓝光危害效能随光视效能的增加而逐渐增加，但受显色指数的变化影响较小。

本章提出了面向宽司辰节律因子调节范围的光谱优化方法，通过仿真，得出在 CRI>90 的限制下，由蓝光 LED 芯片、黄色荧光粉和红色量子点所组成的三色量子点白光 LED 的司辰节律因子的最大值可达到最小值的 3.83 倍，与四色 LED 相比，该量子点白光 LED 可以取得更大的司辰节律因子调节倍数，同时减少光谱分量的数量。随后，根据优化结果，以量子点—介孔硅发光微球的制备方法合成所需峰值波长为 630nm 的高光效、高稳定性的 CdSe/ZnS 量子点，封装得到高司辰节律调节范围的白光 LED 及其发光光谱。

第4章　考虑物体表面反射特性的节能光源光谱优化方法

4.1　引　　言

为获得最大的节能效率，本章基于遗传算法，研究考虑物体表面反射特性的节能光源光谱优化方法。该优化中，首先需要考虑两个问题，一是需要保证被照物体在优化光源及参考光源下的亮度不变，第二是被照物体在两光源下的色差较小。其次，需要分别针对单色被照物体及多色物体建立光谱优化方法。最后，分析色差、参考光源、被照物体对光源节能效率的影响。

4.2　照明中物体表面反射率引起的光能浪费问题

当物体被光源照射时，物体反射出的光与光源的光谱功率分布及物体表面反射率直接相关。被反射光的光谱功率分布可表示为[101]

$$S'(\lambda)=S(\lambda)\cdot R(\lambda) \tag{4-1}$$

式中，$S'(\lambda)$为反射光的光谱功率分布；$S(\lambda)$为光源的发光光谱；$R(\lambda)$为物体反射率。

在照明中，光源在物体反射率低的波长段所发出的光能相对并不重要，因此，可以通过大幅减少光源在主要吸收波段的光能、少量增加主要反射波段的光能的方式，减小总光能的消耗，达到节能的目的。经过这种光谱优化方法，如图4-1所示，一个物体在480～580nm波段的反射率明显高于其他波长段，这表明光能中处于该波长段的部分将被大量反射到人眼中，而其他波长段的光能大部分将被物体吸收。图中，物体在参考光源、优化光源下的亮度相等，但优化光源所消耗的光能明显小于优化光源，光能差值为图中1#区域(实线)与2#区域(虚线)的面积之差。

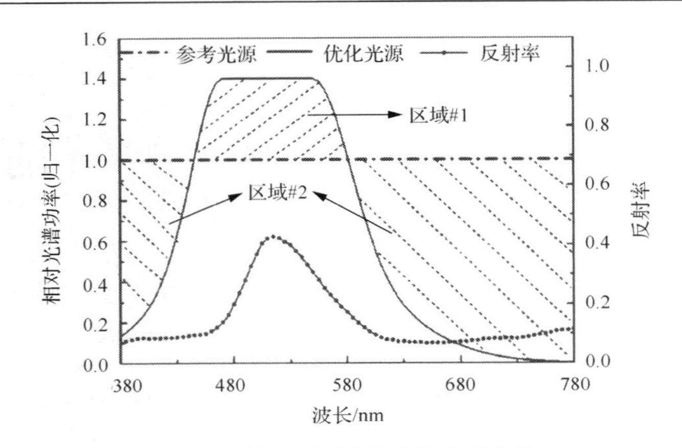

图 4-1　基于反射率的光源光谱优化

区域#1 表示增加反射波段的光能量、区域#2 表示减少吸收波段的光能量

图 4-1 仅是一个示例，光能的描述为辐亮度，然而对照明而言，基于人眼对不同波长响应度的光度学单位光照度，比辐射度学单位辐亮度更有意义[101,102]。光经物体反射，直射人眼的照明模型如图 4-2 所示，图中，dA 为光源的单位照明区域。仅仅当物体在两光源下的亮度相同的条件下，才可准确计算优化光谱的节能效率。因此，后续部分将考虑物体照度，分别优化单色和多色物体。

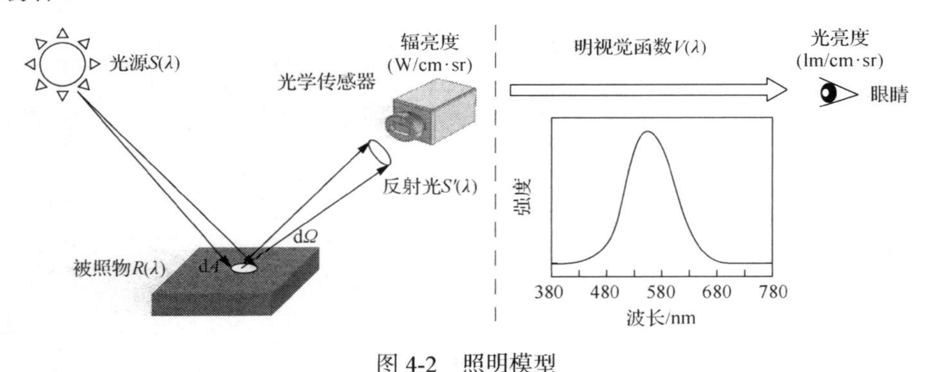

图 4-2　照明模型

4.3　节能效率评价方式

亮度及照明色差是评价照明质量的两个关键参数指标。国际照明标准委员会组织定义：ΔE^*_{ab}表示物体在优化光源与标准参考光源下的色差[19]，并且

规定，色差 $\Delta E_{ab}^{*}=1$ 为人眼难以识别的色差，$\Delta E_{ab}^{*}=10$ 为人眼可察觉但可接受的细微色差[103]。任一优化光源可代替标准参考光源的前提在于，物体在两光源下的色差满足 $\Delta E_{ab}^{*}\leqslant 10$。所节约的光能可以通过参考光源与优化光源的辐射通量之差计算得到。本节分别针对单色与多色物体，建立光源光谱节能效率的计算方法。

4.3.1　针对单色物体的光谱节能效率

光源的辐射通量为光谱功率分布曲线的积分面积[31]，如图 4-1 所示，光源的辐射通量可计算为

$$P=\int_{380}^{780}S(\lambda)\mathrm{d}\lambda \tag{4-2}$$

式中，P 为光源的辐射通量，可评价光源的功率消耗；$S(\lambda)$ 为光源的发光光谱功率分布。

光源被物体反射后的光照度 L 可通过式(4-3)计算：

$$L=\frac{\phi}{\mathrm{d}A\cdot\mathrm{d}\Omega}=\frac{1}{\mathrm{d}A\cdot\mathrm{d}\Omega}\cdot 683\ \frac{\mathrm{lm}}{\mathrm{W}}\cdot\int_{380}^{780}S'(\lambda)\cdot V(\lambda)\mathrm{d}\lambda \tag{4-3}$$

式中，ϕ 为物体反射光的光通量；$\mathrm{d}A$ 为图(4-2)中光源的单位照射区域；$\mathrm{d}\Omega$ 为反射立体角；$S'(\lambda)$ 为光源经物体反射出的光谱；$V(\lambda)$ 为明视觉函数，其最大值在 555nm 处。优化光源被物体反射后的光照度计为 L_{opt}，标准光源被物体反射后的光照度计为 L_{ref}。本节将优化光源的节能效率定义为：两照度相等且色差满足约束的条件下，参考光源与优化光源的辐射通量之差与优化光源辐射通量的百分比值，即

$$\mathrm{ESR}=\frac{P_{ref}(\lambda)-P_{opt}(\lambda)}{P_{ref}(\lambda)}=1-\frac{\int_{380}^{780}S_{opt}(\lambda)\mathrm{d}\lambda}{\int_{380}^{780}S_{ref}(\lambda)\mathrm{d}\lambda} \tag{4-4}$$

式中，$P_{ref}(\lambda)$ 为参考光源的辐射通量；$P_{ref}(\lambda)$ 为优化光源的辐射通量；$S_{ref}(\lambda)$、$S_{opt}(\lambda)$ 分别为参考光源、优化光源的光谱功率分布。

4.3.2　针对多色物体的光谱节能效率

一个多色物体可以划分为多个单色颜色块的组合。为便于理论分析，本

节利用 15 种具有高饱和度的 CQS 标准颜色样本随机组合，构成一个多色物体[37]，一种多色物体原型如图 4-3 所示。

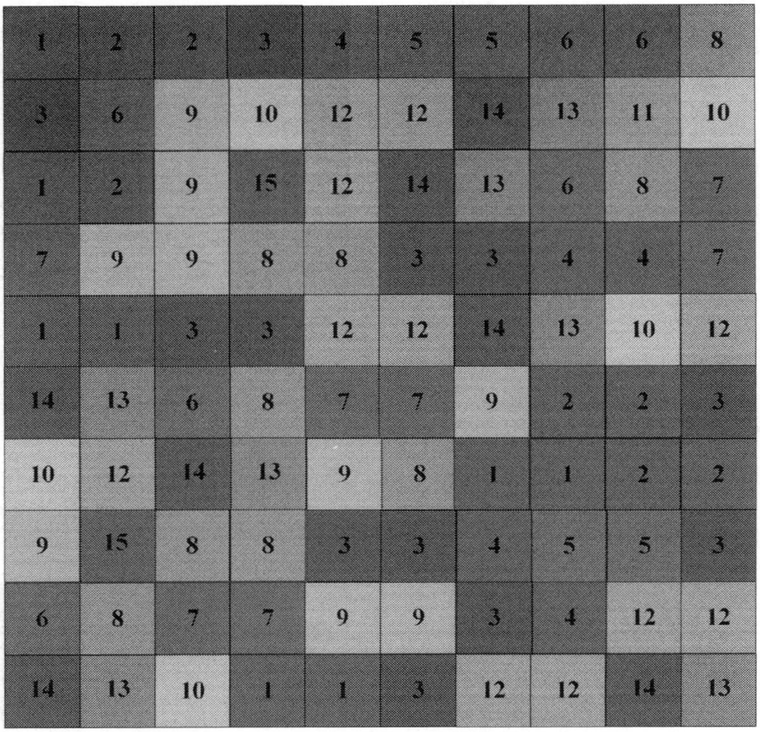

1	2	2	3	4	5	5	6	6	8
3	6	9	10	12	12	14	13	11	10
1	2	9	15	12	14	13	6	8	7
7	9	9	8	8	3	3	4	4	7
1	1	3	3	12	12	14	13	10	12
14	13	6	8	7	7	9	2	2	3
10	12	14	13	9	8	1	1	2	2
9	15	8	8	3	3	4	5	5	3
6	8	7	7	9	9	3	4	12	12
14	13	10	1	1	3	12	12	14	13

图 4-3　由 10×10 CQS 颜色样本组成的一多色物体

假设，光源均匀出光，并且出光面足够大，物体上的颜色块具有相同的光源入射角及反射角，因此，多色物体上相同种类的颜色样本在两光源下的色差相同。在这里，采用平均色差描述多色物体在两光源下的颜色特征。多色物体上各颜色块在优化光源与参考光源下的颜色差可计算得到[37]，平均色差可表示为

$$\left\langle \Delta E_{\mathrm{ab}}^{*} \right\rangle = \frac{1}{n}\sum_{i=1}^{n} \Delta E_{\mathrm{ab}i}^{*} \tag{4-5}$$

式中，$\langle \Delta E_{\mathrm{ab}}^{*} \rangle$ 为多色物体在两光源下的平均色差；n 为物体上 CQS 颜色块的数量；i 为颜色块的序号；$\Delta E_{\mathrm{ab}i}^{*}$ 为某一颜色块在优化光源与参考光源下的色差。

因为多色物体由多颜色块组成，所以物体反射的亮度亦可由其上各颜色块的亮度值叠加得到，多色物体在光源 $S(\lambda)$ 的亮度为

$$\sum L=\sum_{i=1}^{n}L_i=\sum_{i=1}^{n}\left(\frac{1}{\mathrm{d}A\cdot\mathrm{d}\Omega}\cdot683\frac{\mathrm{lm}}{\mathrm{W}}\cdot\int_{380}^{780}S(\lambda)\cdot R_i(\lambda)\cdot V(\lambda)\mathrm{d}\lambda\right)\tag{4-6}$$

式中，$\sum L$ 为物体的亮度；L_i 为物体上第 i 个颜色块反射的亮度；$R_i(\lambda)$ 为该颜色块的反射率。当物体在优化光源及参考光源下的亮度相等（$\sum L_{\mathrm{opt}}=\sum L_{\mathrm{ref}}$），并且色差可被人眼接受的条件下，优化光源的节能效率亦由式(4-4)计算。

4.4　节能光谱优化方法

优化具有最高节能效率、可接受色差的光源光谱，是一个复杂的非线性规划问题，与前两章类似，本章亦采用带惩罚函数的遗传优化算法，分别解决单色与多色物体的节能光源优化光谱问题。

4.4.1　单色物体的节能光谱优化

为确保人眼可接受单色物体在优化光源与参考光源下的色差，约束该色差小于一个特定值。该非线性规划问题可描述为[104]

$$\begin{cases}\text{最大化：}\ f(\vec{x})=\mathrm{ESR}\\ \text{约束：}\quad \Sigma L_{\mathrm{opt}}=\Sigma L_{\mathrm{ref}}\\ \qquad\qquad \Delta E_{\mathrm{ab}}^{*}\leqslant K\end{cases}\tag{4-7}$$

式中，$f(\vec{x})$ 为优化问题的目标函数；$\sum L_{\mathrm{opt}}=\sum L_{\mathrm{ref}}$ 为亮度的等式约束；$\Delta E_{\mathrm{ab}}^{*}\leqslant K$ 为色差的不等式约束；光谱向量 $\vec{x}$ 表示满足约束条件的可行解；K 为物体色差的上限值。此外，由于现实光源的光谱功率为连续的，在此，约束以 5nm 为间隔的相邻光谱功率的变化量不超过 5%。

本光谱优化问题的波长分辨率为 5nm。在该优化过程中，因为优化光源对物体的显色质量由其与参考光源间的色差而保证，为保证优化光源的显色性能，参考光源应具有非常高的显色能力。本书选用如下 5 种标准参考光源，包括荧光灯标准光源 A、太阳光 D65 光源、等量辐射光源(标准 E 光源)、标准 C 光源及太阳 D50 光源。上述 5 种光源，均含有非常非常高的 CQS 指数

(CQS≥90)。参考光源波长范围为 380～780nm 的光谱功率分布如图 4-4 所示[19]。

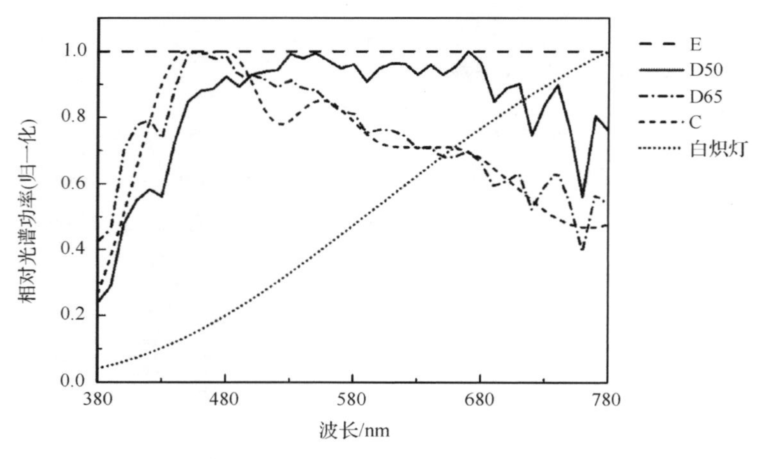

图 4-4　参考光源光谱功率分布

当参考光源为等量辐射光源、被照物体为第 7 个 CQS 颜色样本时，仿真结果如图 4-5 所示，此处优化光源光谱与标准参考光源光谱色差间的色差满足约束 $\Delta E^*_{ab}\leq 1$，为难以察觉的色差范围。由图 4-5(a)可见，节能效率随遗传代数的增加而逐渐上升。当遗传代数超过 1000 代后，色差即被限制在 $\Delta E^*_{ab}\leq 1$ 范围之内。此外，随着遗传代数由 1000 代增加到 100000 代，优化光谱的节能效率由 23.9 %增加至 49.5%，这表明，随着 100000 代遗传进化过程，光谱的节能效果越来越好。并且，100000 代遗传后，光源光谱的节能效率趋于稳定，因此后续仿真结果使用第 100000 次遗传代数的结果。

100000 次遗传代数后的优化光谱功率分布如图 4-5(b)所示。由图可见，在物体高反射率波长段的光谱功率有所增加，同时在低反射率波段的光谱功率大幅度减小，并且减小部分所覆盖的面积远远大于增加部分，表明光源较优化前更节能。为了保证优化光源光谱与参考光谱间的色差较小，并且光源具有高的 ESR，优化光谱略显不规则。具有该发光光谱的实际光源模块可以通过多颗单色 LED 优化合成[105]。综上所述，通过本节算法，可以获得满足实际应用需求的节能光源光谱。

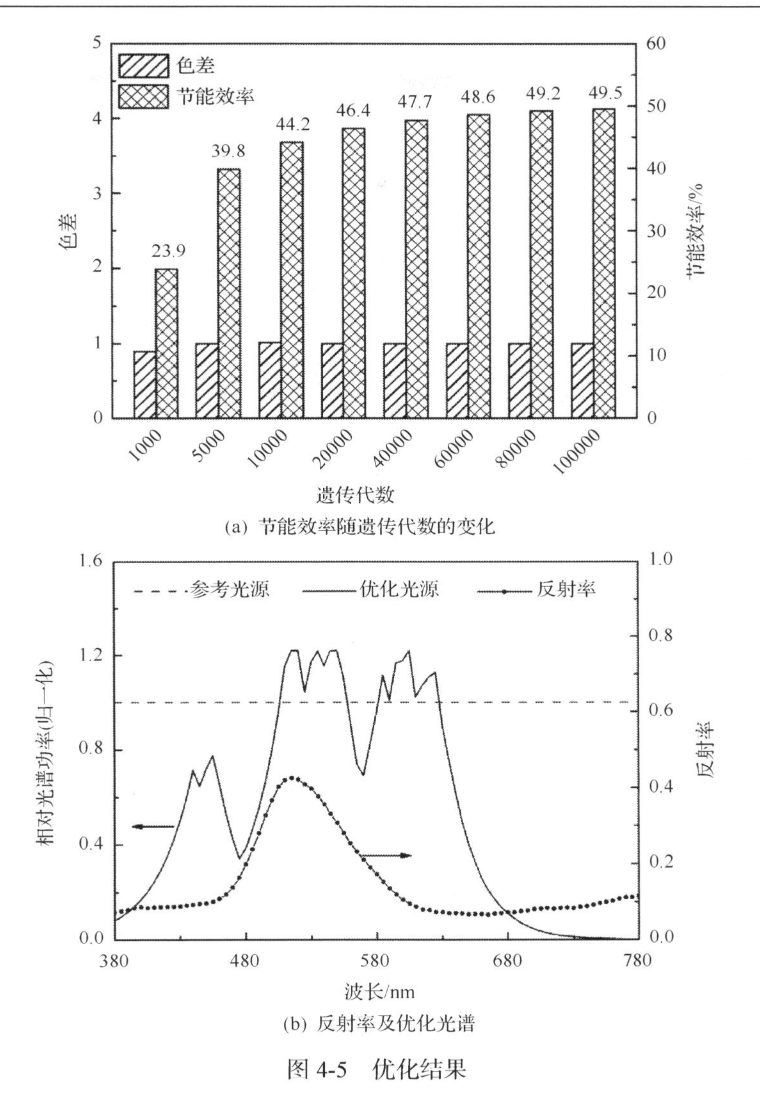

(a) 节能效率随遗传代数的变化

(b) 反射率及优化光谱

图 4-5　优化结果

随后，在色差约束为 $\Delta E_{ab}^{*} \leqslant 1$ 的条件下，以 15 种 CQS 颜色色卡为被照物体，本节分析了节能效率受照物体反射率的影响规律，如图 4-6 所示。由图可见，尽管 CQS 颜色色卡的反射率曲线千差万别，本节算法均可获得满足色差约束的节能光谱功率分布。节能效率范围为 46.0%～63.3%，因此可得出反射率对最终优化光谱的节能效率影响较大。进一步，根据反射率形貌特征，将 15 种反射率归纳为 5 类：高原型、峰与斜坡结合型、峰型、峰与高原结合型。这 5 类反射率所对应的最高节能效率分别为 63.3%、46.3%、54.4%、60.2%、52.6%，其中高原型反射率物体可获得的节能效率最高。

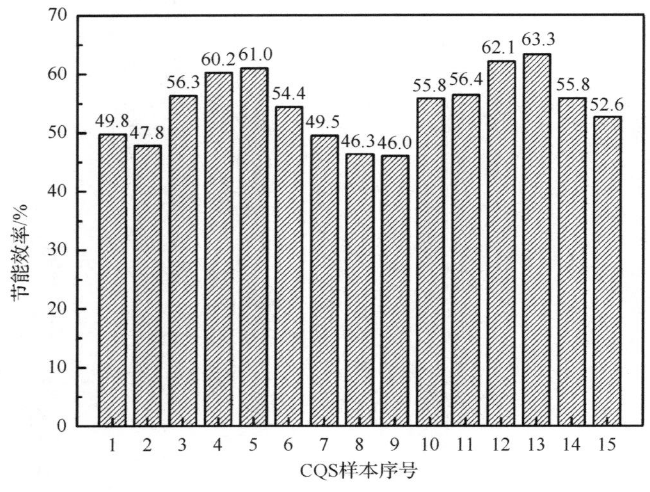

(a) 不同CQS颜色样本对应的节能效率

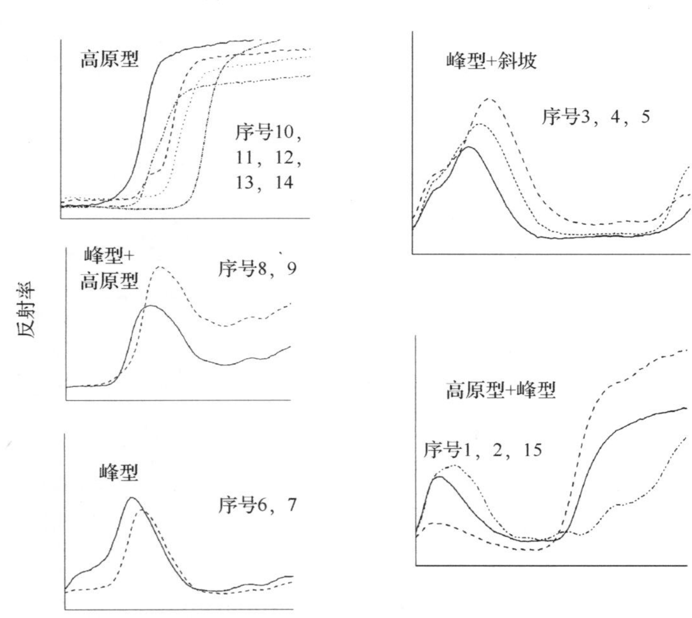

(b) 5种反射率类型

图 4-6　CQS 颜色样本与节能效率

为分析不同标准光源对节能优化效果的影响，本节以不同标准光源为参考光源，进行了仿真计算。在色差约束为 $\Delta E_{ab}^{*}\leqslant 1$ 的条件下，100000 次遗传代数后，第 7 个 CQS 颜色样本的最大节能效率如图 4-7 所示。由图可见，以不同标准光源为参考，获得最高节能效率范围为 44.3%～57.4%，故优化光源的节能效率与参考光源光谱密切相关。

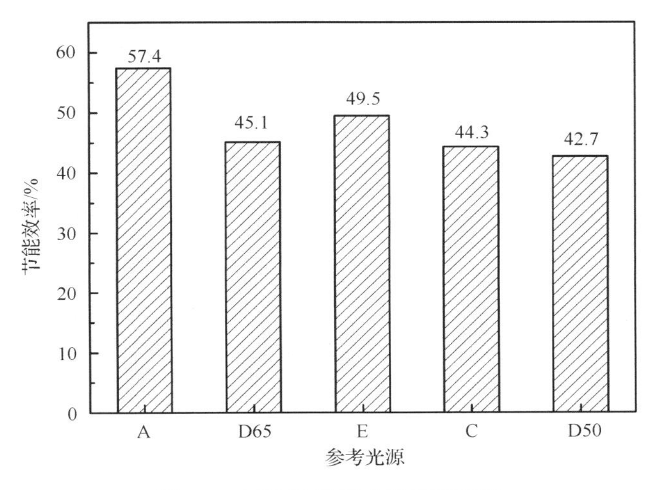

图 4-7　不同光源对应的节能效率

4.4.2　多色物体的节能 LED 光谱优化

如图 4-3 所示，本节所分析的多色物体由 100 个从 15 种 CQS 颜色样本随机挑选组合而成。在该优化问题中，为了保证每个颜色块的照明颜色质量，每个颜色块在优化光源与参考光源下的色差均应满足约束 $\Delta E_{abi}^{*}\leqslant 10\,(i=1,2,\cdots,100)$，10 以内色差表示人眼可察觉但亦能接受的色差范围。此外，本节以多色物体的平均色差评估多色物体整体的照明颜色质量，该优化问题可描述为

$$\begin{cases}\text{最大化：}\ f(\vec{x})=\mathrm{ESR}\\ \text{约束：}\ \sum L_{\mathrm{opt}}=\sum L_{\mathrm{ref}}\\ \qquad\quad \Delta E_{\mathrm{ab}i}^{*}\leqslant 10,\ i=1,2,\cdots,100\\ \qquad\quad \left\langle \Delta E_{\mathrm{ab}}^{*}\right\rangle \leqslant K'\end{cases}\tag{4-8}$$

式中，$\Delta E_{abi}^{*}\leqslant 10$、$\langle\Delta E_{ab}^{*}\rangle\leqslant K'$ 为色差的不等式约束，满足上述约束的光谱向量 $\vec{x}$ 被定义为可行解，多色物体平均色差 $\langle\Delta E_{ab}^{*}\rangle$ 的上限设为 K'。

本节选取等量辐射光源 E 为参考光源，通过约束每个颜色块的色差，获得物体整体平均色差 K'为 1 及 5 两种情况下的最优光谱。如图 4-8 所示，首先，100000 次遗传代数后，在不同物体平均色差下，经过优化，多色物体上 15 种 CQS 颜色卡的色差均可以满足约束 $\Delta E^*_{abi} \leqslant 10$。其次，当限制平均色差小于 1 时，各色块的色差明显小于平均色差限制为小于 5 的情况。

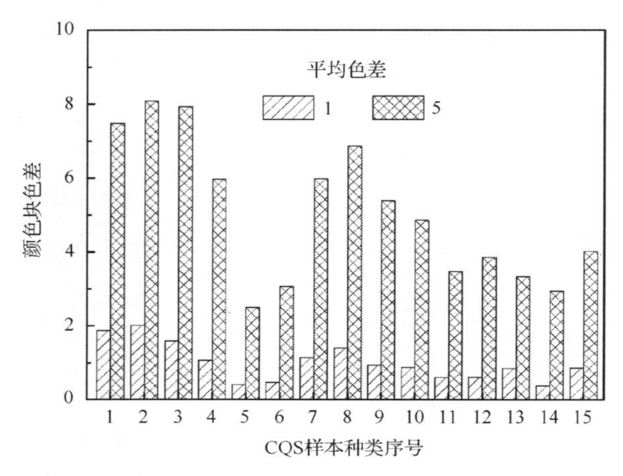

图 4-8　平均色差分别限制为小于 1、5 时 15 种 CQS 颜色块的色差

随着遗传代数的增加，节能效率的增加趋势如图 4-9(a)所示。由图可见，经过 1000 次遗传，平均色差即可限制至小于 1 的范围下。此外，遗传代数从 1000 增加到 100000 的过程中，优化光谱的节能效率从 12.3%增加至 38.0%，

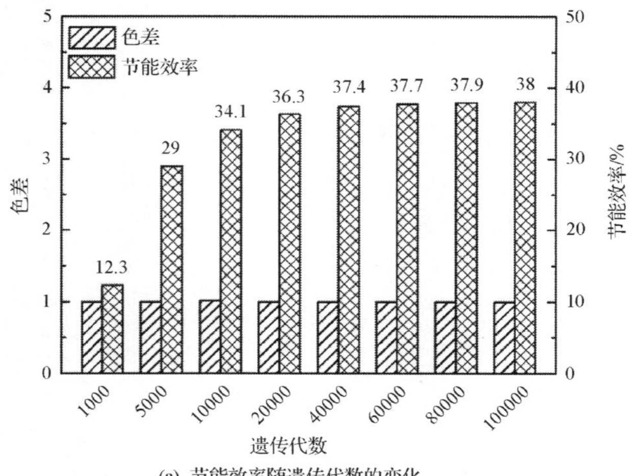

(a) 节能效率随遗传代数的变化

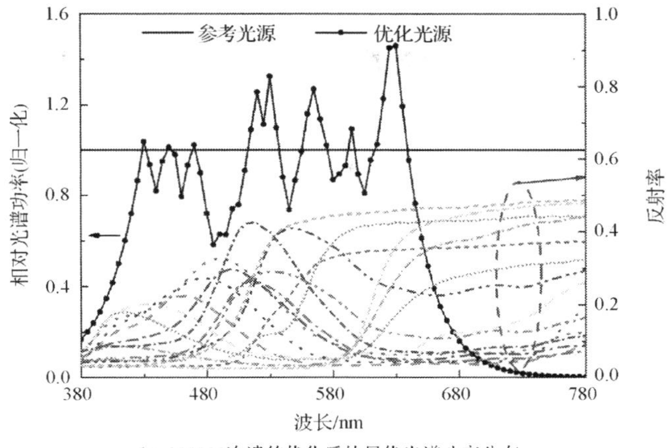

(b) 100000次遗传优化后的最优光谱功率分布

图 4-9　优化结果

并且节能效率在 100000 代趋于稳定。最优光谱功率分布如图 4-9(b)所示，由于 CQS 颜色样品反射率相差较大，为保证每个样品均满足色差要求，最优光谱的形貌并不规则。

如图 4-10 所示，显示节能效率随平均色差的增加而逐渐升高，当平均色差为 1 时，节能效率为 38.0%；随着平均色差逐渐升高至 5，节能效率逐步增加至 50.6%。因此多色物体也可有很高的节能效率，并且其节能效率受平均色差的影响较大。当多色物体平均色差约束为 $\langle \Delta E^*_{ab} \rangle \leqslant 1$、2、3、4、5 的条件下，其上颜色块的最大色差分别为 2.0、3.1、5.0、6.5、8.0。

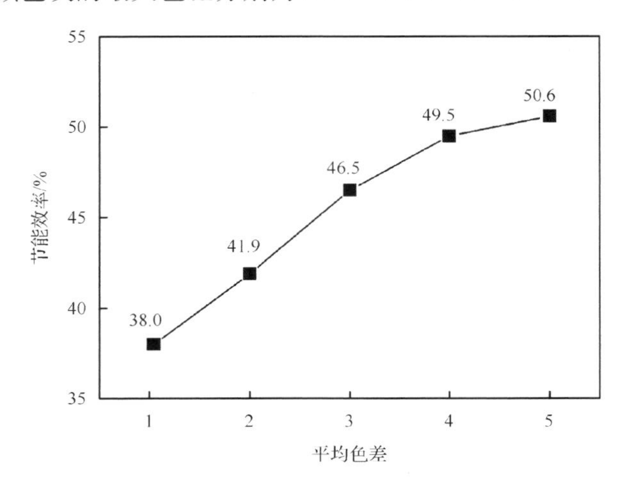

图 4-10　光源节能效率随平均色差增加而逐渐升高

最后，对不同参考光源下的节能光源光谱进行了优化，当平均色差约束为 $\langle \Delta E_{ab}^{*} \rangle \leqslant 1$ 时，本节仿真计算获得了多色物体不同参考光源下的节能光谱，其节能效率如图 4-11 所示。不同参考光源下，节能效率的变化范围为 28.5%～52.2%，因此光源的节能效率受参考光源光谱的影响较大。因为优化光谱与各参考光源间的色差较小，所以优化光谱光源具有与参考光源几乎相同的显色特征，推荐使用节能效率最高的优化光谱替代标准光源。

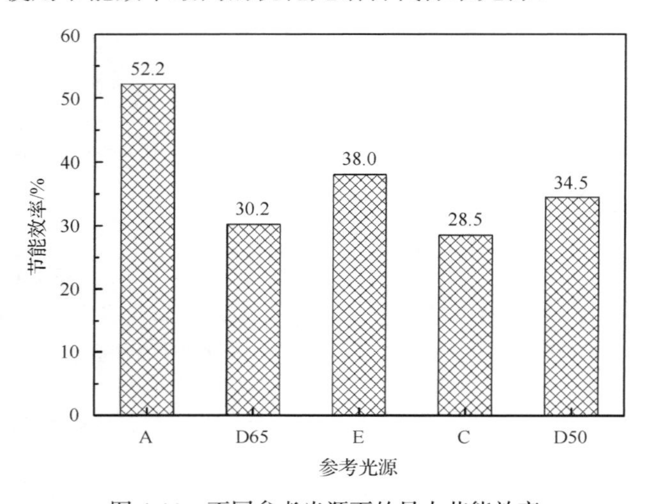

图 4-11　不同参考光源下的最大节能效率

4.5　本 章 小 结

在优化光源与参考光源经物体反射后产生相同亮度的前提下，本章首先提出一种有效的节能效率指标，以评估优化光源相较于参考光源的节能效果。其次，在色差约束下，提出一种光谱优化方法，以实现最大节能效率。通过仿真计算，分别获得适用于单色物体与多色物体的节能光谱。对于单色物体，在难以察觉的色差范围内，优化光谱的节能效率可高达 49.5%。此外，不同 CQS 颜色样本所对应的最大节能效率变化范围为 46.0%～63.3%，在不同照明光源下的节能效率变化范围为 44.3%～57.4%。对于多色物体，其上各颜色块的色差在人眼可接受范围内，优化光谱的节能效率高达 50.6%。平均色差由 1 增加至 5 的过程中，节能效率随之由 38.0%增加至 50.6%。当参考光源不同时，节能效率亦有所不同。

第 5 章　高光学性能的白光 LED 光学建模

5.1　引　　言

在前面 4 章中，主要是提出了高光学性能白光 LED 光谱优化的理论和技术，以期对白光 LED 的封装提出理论指导。然而如何实现所得到的最优化光谱依然是一个技术难题。首先，对于白光 LED 封装材料，如 LED 芯片和荧光材料的选择，就需要满足最优光谱中各个光谱分量的需求；其次，在实际封装中，如何准确实现各个光谱分量的最优能量比例，也需要光学模型的指导；最后，如何在实现最优光谱的前提下，尽可能多地提高白光 LED 的发光效率和光学性能稳定性，也需要封装技术的指导。

本章提出了白光 LED 光学建模的理论与方法，从而指导实际封装中如何实现最优光谱。由于白光 LED 封装体的光学建模方法已经非常成熟[106-110]，而目前对白光 LED 中荧光材料还缺乏一种精确的光学建模方法，因此本章主要以荧光材料为对象，提出其精确的光学建模理论与方法。

5.2　白光 LED 中荧光材料的精确光学建模方法

5.2.1　荧光材料基本光学参数

如图 5-1 所示，显示了光在荧光胶体材料中的传输过程示意图。当光能量入射到荧光胶体材料后，部分光子被荧光颗粒散射，改变传播方向(路径①)；

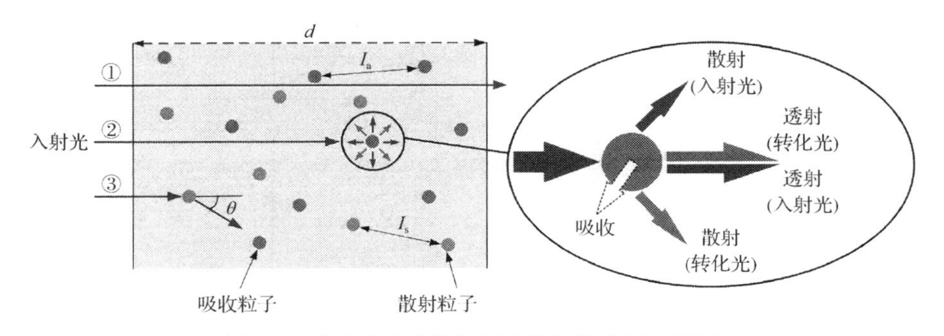

图 5-1　光在荧光胶体材料中的传输过程示意图

另一部分光子被荧光颗粒吸收，通过辐射跃迁方式发出光子或通过无辐射跃迁方式发出热量(路径②)；剩余部分光子直接透过荧光胶体，沿入射方向向前传播(路径③)。

荧光颗粒对光能量的散射、透射、转换现象可以用下列基本光学参数来表征：

$$\mu_s = 1 / I_s \tag{5-1}$$

$$\mu_a = 1 / I_a \tag{5-2}$$

式中，μ_s称为散射系数(scattering coefficient)，定义为光子在两次散射之间所走过的平均自由程 I_s 的倒数；μ_a称为吸收系数(absorption coefficient)，定义为光子在两次吸收之间所走过的平均自由程 I_a 的倒数。根据定义可知，当荧光材料对入射光能量的散射作用越强时，散射平均自由程 I_s 越小，相应地散射系数 μ_s 越大；同样的，当荧光材料对入射光能量的吸收作用越强时，吸收系数 μ_a 也越大。

当光子在荧光材料中被散射后，光子将朝任意方位改变原有的传播方向。相函数 $p(s', s)$ 表征了在一次散射过程中，从方向 s' 入射的一个光子被散射后出射方向变为 s 的概率。相函数被认为只与两次散射方位夹角 (s', s) 的余弦值 v 有关，即

$$p(s',s) = p(s' \cdot s) = p(\cos\theta) = p(v) \tag{5-3}$$

由于相函数 p 是概率分布，因此在整个球空间内对其积分，有

$$\int_{4\pi} p(v)\mathrm{d}\omega = 1 \tag{5-4}$$

式中，$\mathrm{d}\omega$ 是微分立体角，由球坐标定义可知，

$$\mathrm{d}\omega = \sin\theta \mathrm{d}\theta \mathrm{d}\phi \tag{5-5}$$

式中，θ 为纬度方位角，ϕ 为经度方位角。将式(5-5)代入式(2-4)可得

$$\int_{4\pi} p(v)\mathrm{d}\omega = \int_{\phi=0}^{2\pi}\int_{\theta=0}^{\pi} p(v)\sin\theta \mathrm{d}\theta \mathrm{d}\phi = 1 \tag{5-6}$$

由 v=cosθ 可得

$$\mathrm{d}\theta = -\frac{\mathrm{d}v}{\sin\theta} \tag{5-7}$$

将式(5-7)代入式(5-6)，可得

$$\int_{4\pi} p(v)\mathrm{d}\omega = -\int_{\phi=0}^{2\pi}\int_{v=1}^{-1} p(v)\mathrm{d}v\mathrm{d}\phi = \int_{\phi=0}^{2\pi}\int_{v=-1}^{1} p(v)\mathrm{d}v\mathrm{d}\phi = 1 \tag{5-8}$$

由于相函数 $p(v)$ 与经度方位角 ϕ 无关，因此在 $0\sim2\pi$ 内将上式对 ϕ 积分，最终得到

$$\int_{4\pi} p(v)\mathrm{d}\omega = 2\pi\int_{-1}^{1} p(v)\mathrm{d}v = 1 \tag{5-9}$$

根据上述相函数的定义，可以定义各向异性因子 g (anisotropy coefficient) 为

$$g = \int_{4\pi} p(v)v\mathrm{d}\omega = 2\pi\int_{-1}^{1} p(v)v\mathrm{d}v \tag{5-10}$$

各向异性因子表征了光能量在被荧光材料散射后总体散射方位的分布情况。根据各向异性因子的定义可知 $-1\leqslant g\leqslant 1$，当 $g=-1$ 时，光能量将发生完全的后向散射；当 $g=1$ 时，光能量将发生完全的前向散射；当 $g=0$ 时，光能量将沿空间内各个方向均匀地发生散射。

因此，荧光胶体材料的光学性能可以由吸收系数 μ_a、散射系数 μ_s、各向异性因子 g 这三个基本光学参数所表征。当以上三个光学参数确定后，光能量入射荧光胶体材料后的辐射传输行为将被唯一确定，这也是本章进行白光 LED 光学建模的理论基础。

5.2.2　荧光材料光学参数测试理论及系统搭建

由三个基本光学参数的定义可知，它们无法直接通过实验测试得到。实际上，当一束光入射到荧光材料中，能够直接测量得到的只有宏观光学参数，如透射率、反射率、准直透射率等；而由宏观光学参数计算得到基本光学参数的过程，必须由另外的计算理论来完成。因此，本节将首先介绍双积分球系统测试荧光材料宏观光学参数的方法，再介绍由反向倍加法理论推导基本光学参数的方法。

积分球是一种常用的光学仪器，可以用来测量实验样品的透射率、反射率等参数。普通的单积分球测量设备的结构如图 5-2 所示。积分球的内表面涂有硫酸钡($BaSO_4$)，从而使内表面具有漫反射特性。积分球的表面开有三个小孔，左右侧小孔分别用于放置测试样品和光源入射，顶部小孔用于放置光探测器。如图 5-2(a)所示的布置方式，可以测量样品对入射光的反射率(被样品反射的光能量占入射光能量的百分比)；如图 5-2(b)所示的布置方式，可以测量样品对入射光的透射率(透过样品的光能量占入射光能量的百分比)。

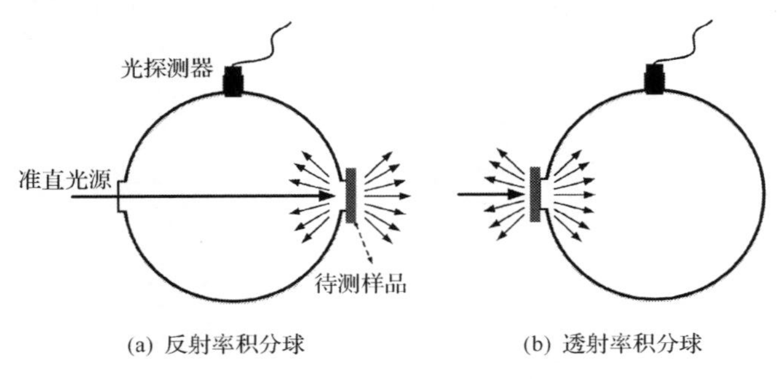

图 5-2　单积分球系统示意图

在本研究中，为了获得荧光材料的基本光学参数，需要测试样品对入射光的反射率、透射率及准直透射率，即未改变传播方向直接透过样品的光能量占入射光能量的百分比。因此，将搭建双积分球测试系统同时测量以上三个宏观参数[111]。

双积分球测试系统是目前公认的测量光学组织宏观透反射率最准确的系统，如图 5-3 所示，显示了双积分球测试系统的结构组成示意图。反射积分球与透射积分球将待测样品夹持在中间，准直光源从一侧入射到待测样品上，反射、透射和准直透射积分球分别收集反射光能量、透射光能量和准直透射光能量，并将光信号经由光电倍增管转换为电信号后，传递到光谱仪进行处理分析，最终得到样品对入射光的反射率、透射率和准直透射率。

按照积分球的测试原理，当光能量 P_δ 入射到光电倍增管探头时，探头将光信号转换为电信号：

$$V_\delta = KP_\delta \tag{5-11}$$

式中，K 是光电倍增管的比例常数。在实际测试时，由于杂散光和背景噪声的影响，系统会引入背景电信号 V_0。从而式(5-11)需修正为

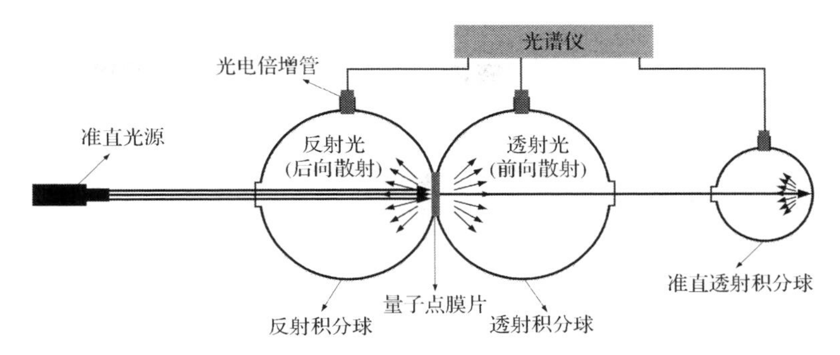

图 5-3　双积分球测试系统组成结构示意图

$$V_\delta = KP_\delta + V_0 \tag{5-12}$$

进而，积分球内探测到的光能量为

$$P_\delta = \frac{1}{K}(V_\delta - V_0) \tag{5-13}$$

因此，在实际测试中，为了消除杂散光和背景噪声带来的误差，需要在正式测试样品参数前对每个积分球进行参考测量。参考测量的实施方法如图 5-4 所示。

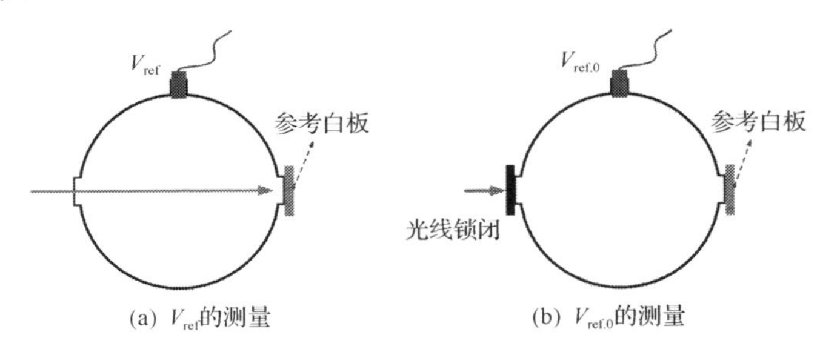

(a) V_{ref}的测量　　(b) $V_{ref,0}$的测量

图 5-4　进行参考测量的系统结构示意图

首先，将一块具有标准漫反射的参考白板放在样品孔，光源入射到参考白板表面后，探测器测得的光能量可以表示为

$$P_{ref} = P \cdot \phi(R_{d,ref}, s, A, h, m) \tag{5-14}$$

式中，P 为入射光的总能量；ϕ 是与参考白板反射率 $R_{d,ref}$、样品孔表面积 s、积分球内表面积 A、探头开孔表面积 h 和积分球内表面反射率 m 相关的系数，对于同一积分球而言是常系数。根据式(5-13)，P_{ref}还可以表示为

$$P_{\text{ref}} = \frac{1}{K}(V_{\text{ref}} - V_{\text{ref},0}) \tag{5-15}$$

式中，$V_{\text{ref},0}$ 是积分球内入射光锁闭情况下探头探测到的光信号强度。将上式代入式(5-14)，可得

$$P = \frac{1}{\phi} \cdot \frac{1}{K}(V_{\text{ref}} - V_{\text{ref},0}) \tag{5-16}$$

因此，当光线入射到待测样品时探测器探测到的光能量 P_{δ} 和入射光总能量 P 的比值可以表示为

$$\frac{P_{\delta}}{P} = \phi \cdot \frac{V_{\delta} - V_0}{V_{\text{ref}} - V_{\text{ref},0}} \tag{5-17}$$

消除杂散光和背景噪声后，样品反射率 V_{r} 和透射率 V_{t} 可以表示为

$$V_{\text{r}} = \frac{P_{\text{r}}}{P_{\text{ref}}} = \frac{P_{\text{r}}}{\phi P} = \frac{V_{\text{r}} - V_{\text{r},0}}{V_{\text{ref}} - V_{\text{ref},0}} \tag{5-18}$$

$$V_{\text{t}} = \frac{P_{\text{t}}}{P_{\text{ref}}} = \frac{P_{\text{t}}}{\phi P} = \frac{V_{\text{t}} - V_{\text{t},0}}{V_{\text{ref}} - V_{\text{ref},0}} \tag{5-19}$$

对于准直透射积分球，其消除杂散光和背景噪声的方法与反射积分球和透射积分球略有差别，如图 5-5 所示。因此，样品的准直透射率 V_{c} 可以表示为

$$V_{\text{c}} = \frac{P_{\text{c}}}{P_{\text{ref}}} = \frac{P_{\text{c}}}{\phi P} = \frac{V_{\text{c}} - V_{\text{c},0}}{V_{\text{ref}} - V_{\text{ref},0}} \tag{5-20}$$

由前面的概述可知，荧光材料的反射率 V_{r}、透射率 V_{t} 和准直透射率 V_{c} 是荧光材料所体现出的宏观光学特性，而表征荧光材料对入射光的辐射传输性能的是基本光学参数。因此，建立宏观光学参数与基本光学参数的理论联系是关键。下面将利用反向倍加法计算理论建立两部分参数之间的联系。

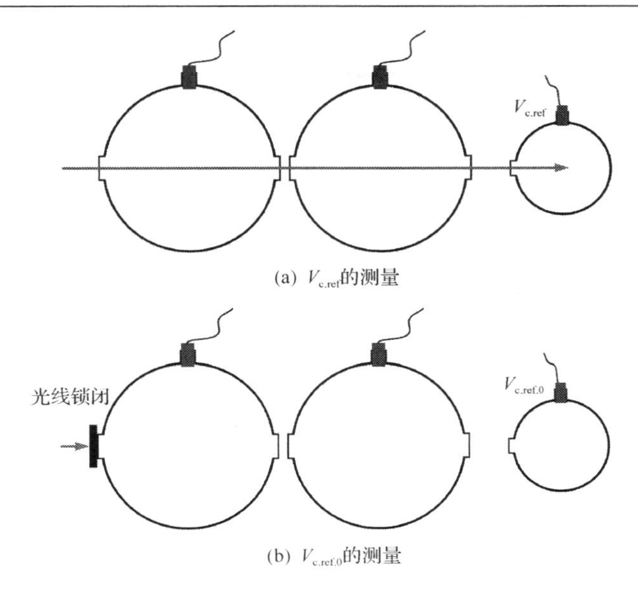

(a) $V_{c.ref}$的测量

(b) $V_{c.ref.0}$的测量

图 5-5　准直透射积分球进行参考测量的结构示意图

反向倍加法(inverse adding doubling method, IAD method)是一种计算被测样品的基本光学特性参数的数值计算方法[112]。由于测量值与基本光学特性参数的关系是隐含的，一般先假定基本光学特性参数，以此来计算反射与透射量，随后将其与测量值相比较，直到满足一定精度，即通过多次迭代的方法来获取光学特性参数。该方法的输入参数是双积分球测试结果，即反射率 V_r、透射率 V_t 和准直透射率 V_c，输出结果是基本光学参数，即散射系数 μ_s、吸收系数 μ_a 与各向异性因子 g。该方法的计算流程图如图 5-6 所示，由以下步骤组成：

(1) 随机产生一组样品的基本光学参数(μ_a', μ_s', g')；

(2) 利用倍加法(Adding Doubling method, AD)并根据辐射传输方程，计算该组基本光学参数所对应的样品的宏观光学参数(V_r', V_t', V_c')；

(3) 比较计算得到的宏观光学参数与积分球实际测量得到的光学参数的误差；

(4) 迭代，直到计算值与实测值误差达到允许范围，此时产生的基本光学参数(μ_a', μ_s', g')即为样品实际的基本光学参数(μ_a, μ_s, g)；

从反向倍加法的计算流程可知，随机产生初始值和根据初始值计算宏观光学参数两个过程是该方法的核心。下面将介绍这两个计算过程。

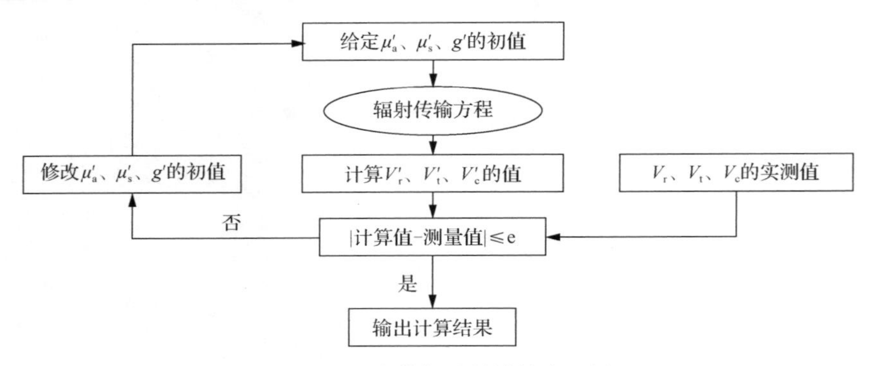

图 5-6　反向倍加法的计算流程图

对于初始值的产生过程，首先对 μ_a、μ_s 进行无量纲化，引入反照率 a 和光学厚度 τ：

$$a = \frac{\mu_s}{\mu_s + \mu_a} = \frac{\mu_s d}{\tau} \tag{5-21}$$

$$\tau = d(\mu_s + \mu_a) \tag{5-22}$$

式中，d 是荧光材料样品的厚度。无量纲化后，反向倍加法将产生一系列无量纲的初始值(a, τ, g)。由于准直透射率 V_c 已经由双积分球系统测量得到，反照率 τ 可以直接计算[111]：

$$\tau = -\mathrm{In}\left[\frac{2V_c}{T_{g1}T_{g2} + \sqrt{T_{g1}^{\ 2}T_{g2}^{\ 2} + 4R_{g1}R_{g2}V_c^{\ 2}}}\right] \tag{5-23}$$

式中，T_{g1}、T_{g2}、R_{g1}、R_{g2} 分别为样品前后两个表面的透射率和反射率。在反照率 τ 已知的情况下，反向倍加法将产生一个初始参数矩阵 G_{ag}^{ij}，初始参数矩阵的大小可以根据所需要求解的精度来决定：

$$G_{ag}^{ij} = \begin{pmatrix} a_{ij} = 1 - \left(\dfrac{j-1}{n-1}\right)^2 \\ \tau_{ij} = \tau_0 \\ g_{ij} = 0.99\left(\dfrac{2(i-1)}{m-1} - 1\right) \\ V_{r,ij} = V_{r,\mathrm{cal}}(a_{ij}, \tau_{ij}, g_{ij}) \\ V_{t,ij} = V_{t,\mathrm{cal}}(a_{ij}, \tau_{ij}, g_{ij}) \end{pmatrix} \tag{5-24}$$

在初始参数给出后，下一步是利用倍加法，计算每一组初始光学特性参数所对应的反射率 V_r、透射率 V_t 和准直透射率 V_c 等宏观参数。倍加法是一种解辐射传输方程的综合的数值方法，能够得到各向异性散射和边界条件不匹配下的辐射传输方程的精确解。

倍加法假定，对于一块厚度均匀的片状样品，在某个角度上入射光和反射光是已知的，对于厚度为已知片状样品厚度的两倍，且特性相同的样品，可以把它分为相同的两片，随后再加上边界的反射和透射分量。这样，在计算已知厚度的片状样品的光学特性时，就可以先计算一个薄层的反射特性和透射特性，随后将薄层厚度加倍，再次计算其透射和反射特性；不断进行倍加，直到薄层厚度达到实际厚度为止。此时将得到的样品的透反射特性转化为反射率、透射率及准直透射率，与实测值进行比较。

以上概述了测量荧光材料宏观光学参数的方法，以及根据宏观参数计算基本光学参数的理论。下面，我们将搭建对应的双积分球测试系统，并建立对应的反向倍加法计算程序，最后对以上方法进行验证。

根据上一节的介绍，搭建对应的双积分球测试系统。在结构部分，反射积分球与透射积分球的球体直径均为 300mm，反射积分球的入口孔径与透射积分球的出口孔径均为 18mm。为保证测量精度，反、透射积分球的接触部分为对心的固定连接，连接部分开有孔径为 20mm 的样品装夹位。准直透射积分球的球体直径为 100mm，入口孔径同样为 18mm。其中，准直积分球安装在一根长度为 1.2m 的水平直线导轨上，其位置可以沿入射光光轴方向来回调整，以便寻找最佳的安装位置。为尽量避免环境杂散光的影响，整个装置封闭在表面涂有黑色涂层的遮光罩中。

光源是由三个定制的准直激光光源组成，每具光源的额定功率为 100mW，三组光源的发光波长分别为 457nm、589nm、660nm，半峰宽均为 10nm，在光源最前端安装有扩束镜头，将激光光斑大小调制为 10mm。三组光源的发光波长均匀分布在可见光波段，可满足不同发光波长的测试需求。系统中每个积分球的光信号单独地通过一个光电倍增管采集，并传输到单独的光谱仪进行数据处理。因此，该系统可同时测试三个积分球的光能量，彼此互不干扰，保证了测量的准确性。

双积分球系统搭建完毕后，即可利用 D062 系列标准光源(经中国计量科学研究院标定)，分别对三组积分球装置的测量精度进行测试：

对于反射积分球，将光通量为 106.5lm 的 1 号标准灯放入球内按额定功率点亮，测量值为 106.3lm，光功率测量精度为 99.81%；

对于透射积分球，将光通量为 105.9lm 的 2 号标准灯放入球内按额定功率点亮，测量值为 105.6lm，光功率测量精度为 99.72%；

对于准直透射积分球，将光通量为 50.6lm 的 3 号标准灯放入球内按额定功率点亮，测量值为 50.1lm，光功率测量精度为 99.01%。

三组积分球装置的测量精度均大于 99%，满足实际测试需求。

在双积分球系统的测试精度满足要求后，对双积分球系统的计算理论进行验证，以确保由宏观光学参数计算基本光学参数的准确性。

设定一块已知参数的样品，令其基本光学参数为 a=0.9、τ=1、g=0.9，样品的折射率为 n_s=1.5，环境介质的折射率为 n_a=1。则根据辐射传输方程[111]，可计算出其宏观光学参数为 V_r=0.05672、V_t=0.43401、V_c=0.33911。由光学参数的唯一性原则[112]，将以上 V_r、V_t、V_c 的“测量值”输入反向倍加算法时，正确的输出结果应为 a=0.9，τ=1，g=0.9。

准直透射率 V_c 的测量值已经获得，因此光学厚度 τ 可以直接由式(5-23)计算得到：

$$\tau = -\ln\left[\frac{2\cdot 0.33911}{0.96\cdot 0.96+\sqrt{0.96^2\cdot 0.96^2+4\cdot 0.04\cdot 0.04\cdot 0.33911^2}}\right]=1.00000 \quad (5\text{-}25)$$

下面对 a、g 进行计算。根据反向倍加算法的流程，首先需产生一系列初始值。取(a_{ij}, g_{ij})矩阵大小为 $m\times n$=11×11，则根据式(5-24)可得到

$$a=\{1, 0.99, 0.96, 0.91, 0.84, 0.75, 0.64, 0.51, 0.36, 0.19, 0\}$$

$$g=\{-0.99, -0.792, -0.594, -0.396, -0.198, 0, 0.198, 0.396, 0.594, 0.792, 0.99\}$$

由倍加算法，上述初始矩阵将产生 11×11 即 121 组对应的(V_r, V_t)值，分别如下：

$$V_{r,ij}=\begin{pmatrix}
0.6338 & 0.6208 & 0.5935 & 0.5524 & 0.4986 & 0.4342 & 0.3599 & 0.2800 & 0.1935 & 0.1005 & 0.0000\\
0.5107 & 0.4903 & 0.4443 & 0.3926 & 0.3423 & 0.2922 & 0.2405 & 0.1862 & 0.1283 & 0.0665 & 0.0000\\
0.4464 & 0.4242 & 0.3719 & 0.3130 & 0.2588 & 0.2108 & 0.1671 & 0.1256 & 0.0847 & 0.0431 & 0.0000\\
0.4045 & 0.3815 & 0.3265 & 0.2638 & 0.2073 & 0.1600 & 0.1206 & 0.0866 & 0.0561 & 0.0276 & 0.0000\\
0.3738 & 0.3505 & 0.2946 & 0.2306 & 0.1735 & 0.1274 & 0.0909 & 0.0618 & 0.0379 & 0.0177 & 0.0000\\
0.3474 & 0.3243 & 0.2686 & 0.2051 & 0.1491 & 0.1048 & 0.0711 & 0.0458 & 0.0265 & 0.0116 & 0.0000\\
0.3196 & 0.2970 & 0.2428 & 0.1815 & 0.1282 & 0.0869 & 0.0566 & 0.0347 & 0.0190 & 0.0078 & 0.0000\\
0.2855 & 0.2637 & 0.2123 & 0.1553 & 0.1070 & 0.0705 & 0.0444 & 0.0262 & 0.0138 & 0.0055 & 0.0000\\
0.2388 & 0.2187 & 0.1724 & 0.1233 & 0.0833 & 0.0540 & 0.0335 & 0.0196 & 0.0102 & 0.0040 & 0.0000\\
0.1700 & 0.1530 & 0.1173 & 0.0830 & 0.0569 & 0.0381 & 0.0247 & 0.0150 & 0.0081 & 0.0033 & 0.0000\\
0.0680 & 0.0621 & 0.0558 & 0.0485 & 0.0402 & 0.0314 & 0.0229 & 0.0152 & 0.0088 & 0.0037 & 0.0000
\end{pmatrix}$$

$$V_{t,ij}=\begin{pmatrix}
0.0458 & 0.0391 & 0.0305 & 0.0201 & 0.0086 & 0.0000 & 0.0000 & 0.0000 & 0.0000 & 0.0000 & 0.0000\\
0.1674 & 0.1504 & 0.1144 & 0.0803 & 0.0531 & 0.0328 & 0.0178 & 0.0072 & 0.0006 & 0.0000 & 0.0000\\
0.2310 & 0.2113 & 0.1663 & 0.1189 & 0.0803 & 0.0518 & 0.0315 & 0.0174 & 0.0079 & 0.0021 & 0.0000\\
0.2724 & 0.2512 & 0.2014 & 0.1467 & 0.1007 & 0.0662 & 0.0414 & 0.0241 & 0.0123 & 0.0044 & 0.0000\\
0.3028 & 0.2807 & 0.2280 & 0.1690 & 0.1182 & 0.0793 & 0.0509 & 0.0307 & 0.0164 & 0.0064 & 0.0000\\
0.3289 & 0.3063 & 0.2521 & 0.1905 & 0.1367 & 0.0945 & 0.0630 & 0.0397 & 0.0224 & 0.0094 & 0.0000\\
0.3563 & 0.3336 & 0.2787 & 0.2160 & 0.1604 & 0.1157 & 0.0810 & 0.0539 & 0.0322 & 0.0145 & 0.0000\\
0.3901 & 0.3674 & 0.3129 & 0.2504 & 0.1940 & 0.1471 & 0.1085 & 0.0761 & 0.0479 & 0.0226 & 0.0000\\
0.4363 & 0.4140 & 0.3610 & 0.3005 & 0.2444 & 0.1948 & 0.1504 & 0.1096 & 0.0712 & 0.0345 & 0.0000\\
0.5043 & 0.4831 & 0.4345 & 0.3790 & 0.3237 & 0.2690 & 0.2142 & 0.1591 & 0.1044 & 0.0509 & 0.0000\\
0.6052 & 0.5914 & 0.5616 & 0.5163 & 0.4573 & 0.3876 & 0.3109 & 0.2304 & 0.1502 & 0.0723 & 0.0000
\end{pmatrix}$$

在 $\boldsymbol{V}_\mathrm{r}$ 与 $\boldsymbol{V}_\mathrm{t}$ 矩阵的每一行，各向异性因子 g_i 为恒定，反照率 a_j 的值从 1 逐步减小为 0。从计算结果可以看出，当反照率 a 减小时，光学厚度 τ 及样品厚度 d 不变，因此散射系数减小，吸收系数增大，导致反射率和透射率逐步减小。对于 $a_{j=11}=0$ 时，样品对光不产生任何散射，因此反射率和透射率的值都为 0。

在 $\boldsymbol{V}_\mathrm{r}$ 与 $\boldsymbol{V}_\mathrm{t}$ 矩阵的每一列，反照率 a_j 为恒定，各向异性因子 g_i 的值从-0.99逐步增加到 0.99。对于 $g_{i=1}=-0.99$，几乎所有入射光线都被后向散射，因此计算出的反射率很大而透射率较小；随着 g_i 的增大，越来越多的入射光线被前向散射，因此计算出的反射率减小，而透射率逐步增大。

在计算得到$(\boldsymbol{V}_\mathrm{r}, \boldsymbol{V}_\mathrm{t})$矩阵后，计算值与“测量值”的绝对偏差可以由下式计算：

$$\Delta_{ij}=\left|V_{\mathrm{r},ij}-V_{\mathrm{r,meas}}\right|+\left|V_{\mathrm{t},ij}-V_{\mathrm{t,meas}}\right| \tag{5-26}$$

式中，$\boldsymbol{V}_\mathrm{r,meas}$、$\boldsymbol{V}_\mathrm{t,meas}$ 为“测量值”，即 $\boldsymbol{V}_\mathrm{r,meas}=0.05672$、$\boldsymbol{V}_\mathrm{t,meas}=0.43401$。绝对偏差矩阵为

$$\Delta_{ij}=\begin{pmatrix}
0.9653 & 0.9590 & 0.9404 & 0.9096 & 0.8673 & 0.8115 & 0.7372 & 0.6573 & 0.5708 & 0.4778 & 0.4907\\
0.7206 & 0.7172 & 0.7071 & 0.6896 & 0.6665 & 0.6367 & 0.6000 & 0.5563 & 0.5051 & 0.4438 & 0.4907\\
0.5927 & 0.5902 & 0.5829 & 0.5713 & 0.5557 & 0.5362 & 0.5129 & 0.4856 & 0.4541 & 0.4455 & 0.4907\\
0.5094 & 0.5076 & 0.5024 & 0.4943 & 0.4838 & 0.4711 & 0.4564 & 0.4398 & 0.4224 & 0.4588 & 0.4907\\
0.4483 & 0.4471 & 0.4438 & 0.4388 & 0.4326 & 0.4254 & 0.4173 & 0.4084 & 0.4364 & 0.4666 & 0.4907\\
0.3958 & 0.3952 & 0.3938 & 0.3918 & 0.3897 & 0.3876 & 0.3854 & 0.4053 & 0.4419 & 0.4697 & 0.4907\\
0.3406 & 0.3408 & 0.3413 & 0.3427 & 0.3451 & 0.3485 & 0.3532 & 0.4022 & 0.4395 & 0.4684 & 0.4907\\
0.2726 & 0.2736 & 0.2767 & 0.2822 & 0.2902 & 0.3006 & 0.3378 & 0.3884 & 0.4291 & 0.4626 & 0.4907\\
0.1843 & 0.1820 & 0.1887 & 0.2001 & 0.2162 & 0.2419 & 0.3067 & 0.3615 & 0.4094 & 0.4522 & 0.4907\\
0.1836 & 0.1454 & 0.0610 & 0.0813 & 0.1104 & 0.1836 & 0.2519 & 0.3166 & 0.3782 & 0.4365 & 0.4907\\
0.1825 & 0.1628 & 0.1285 & 0.0905 & 0.0399 & 0.0718 & 0.1569 & 0.2451 & 0.3318 & 0.4147 & 0.4907
\end{pmatrix}$$

从绝对偏差矩阵可以看出，最小偏差出现在 i=5、j=11 处，$\Delta_{11,5}$=0.0399。这个结果说明，在算法第一步所产生的一系列初始值中，a_5=0.84、g_{11}=0.99 最接近样品的真实参数。

为了进一步逼近真实值，利用变形虫算法[113]，在起始点 $a_{start}=a_5$、$g_{start}=g_{11}$ 附近产生三个参数点 $\boldsymbol{p}_1$、$\boldsymbol{p}_2$、$\boldsymbol{p}_3$，其产生规则为

$$\boldsymbol{p}_1=\begin{pmatrix}(a_{start})_{comp}\\(g_{start})_{comp}\end{pmatrix};\boldsymbol{p}_2=\begin{pmatrix}(0.9a_{start}+0.05)_{comp}\\(g_{start})_{comp}\end{pmatrix};\boldsymbol{p}_3=\begin{pmatrix}(a_{start})_{comp}\\(0.9g_{start}+0.05)_{comp}\end{pmatrix}\quad(5\text{-}27)$$

$$a_{comp}=\frac{2a-1}{a(1-a)};\ g_{comp}=\frac{g}{1-|g|}\quad(5\text{-}28)$$

因此，三个参数点的值为

$$\boldsymbol{p}_1=\begin{pmatrix}5.05952\\99.00000\end{pmatrix};\boldsymbol{p}_2=\begin{pmatrix}3.91394\\99.00000\end{pmatrix};\boldsymbol{p}_3=\begin{pmatrix}5.05952\\15.94915\end{pmatrix}\quad(5\text{-}29)$$

三个参数点在二维平面内围成一个三角形区域，在接下来的迭代过程中，该区域将会变形、收缩，逐渐靠近绝对误差最小值的点。

在迭代之前，算法首先判断三个参数点所产生的绝对误差值的大小，绝对误差最大的点定义为 p_{hi}，绝对误差最小的点定义为 p_{lo}，剩余一个点定义为 p_{nhi}。变形虫算法的第一步，是尝试将三角形区域向远离 p_{hi} 的方向移动，即新产生的参数点 p_{try1} 是 p_{hi} 关于 p_{lo} 和 p_{nhi} 中点的镜面反射点，如图 5-7(a)所示。接下来检查所产生的绝对误差值 $M(p_{try1})$，根据 $M(p_{try1})$ 的大小，有以下几种可能的情况：

(1)若 $M(p_{try1})\leqslant M(p_{lo})$，即新参数点不差于当前最优点，则第一步移动的方向是正确的。因此，第二次再次沿此方向移动一倍距离，产生点 p_{try2}，并以 $(p_{try2}, p_{lo}, p_{nhi})$ 为新的参数点进行下一次迭代，如图 5-7(b)所示；

(2)若 $M(p_{lo})<M(p_{try1})<M(p_{nhi})$，即新参数点优于当前次优点，但差于当前最优点。此时以 $(p_{try1}, p_{lo}, p_{nhi})$ 为新的参数点进行下一次迭代；

(3)若 $M(p_{try1})\geqslant M(p_{nhi})$，即新参数点不优于次优点，则放弃该参数点，并尝试产生下一个新参数点 p_{try3}，此时 p_{try3} 位于 p_{hi} 和 p_{lo}/p_{nhi} 中点的中点，如图 5-7(c)所示。接下来再次比较：若 $M(p_{try3})<M(p_{hi})$，即新参数点优于当前最优点，此时以 $(p_{try3}, p_{lo}, p_{nhi})$ 为新的参数点进行下一次迭代；若 $M(p_{try3})>M(p_{hi})$，即新参数点不优于当前最优点，此时将三角形区域全面紧缩，在 p_{nhi}

和 p_{lo} 的中点产生 p_{try4}，在 p_{hi} 和 p_{lo} 的中点产生 p_{try5}，并以(p_{lo}, p_{try4}, p_{try5})为新的参数点进行下一次迭代，如图 5-7(d)所示。

通常，当迭代结果中和的差值在容许范围内时，迭代过程终止。在反向倍加算法中，最理想的求解结果是绝对误差值 M=0。因此，我们设定当 $M(p_{lo})<10^{-5}$ 时，迭代终止，同时若程序迭代次数超过 N=2000 次仍未收敛，迭代也中止。

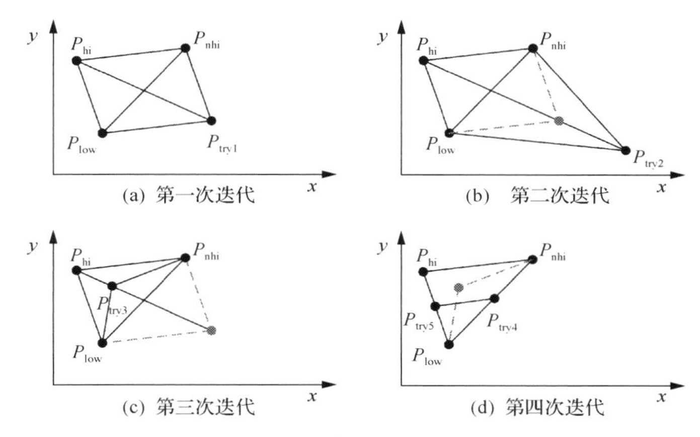

图 5-7　变形虫算法的参数点迭代优化过程示意图

图 5-8 与图 5-9 分别为迭代过程中 a_{comp} 和 g_{comp} 的值的变化曲线，从曲线中可以看出，两个值均在 35 次迭代后较好地完成了收敛，最终稳定值分别为 a_{comp}=8.88888 和 g_{comp}= 8.99981。

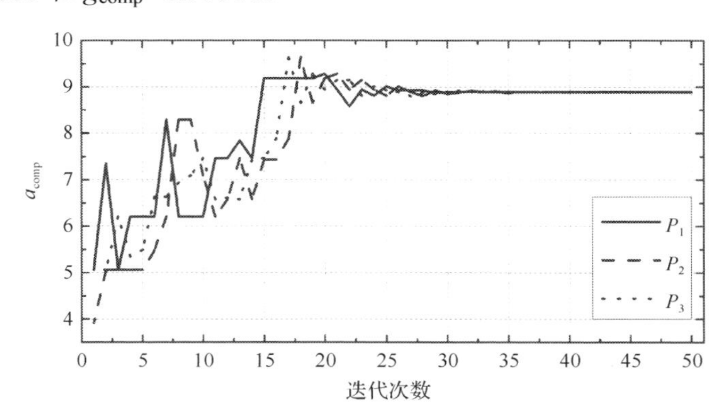

图 5-8　迭代过程中 a_{comp} 值的变化曲线

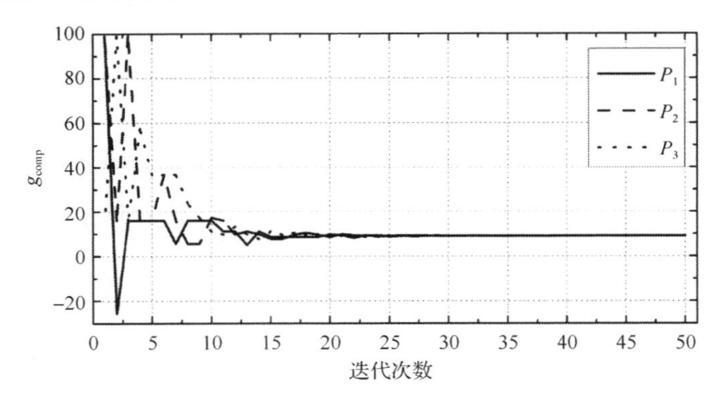

图 5-9　迭代过程中 g_{comp} 值的变化曲线

由式(5-28)，可以反向计算出程序最终得到的 (a, g) 值为

$$a = \frac{-2 + 8.88888 + \sqrt{8.88888^2 + 4}}{2 \times 8.88888} = 0.90000 \tag{5-30}$$

$$g = \frac{8.99981}{1 + |8.99981|} = 0.89999 \tag{5-31}$$

反向倍加法程序验证完毕，从计算过程可以看出，该算法能够准确计算出被测样品的 (a, τ, g) 值，计算误差 $M_{lo} < 10^{-5}$。

5.2.3　荧光材料光学参数测试与光学建模

根据上一节中建立的荧光材料光学参数测量方法，本节将对白光 LED 中荧光层的基本光学参数进行测量，进而对其进行光学建模与验证。

选取 3.2 节中所制备的 CdSe/ZnS 核壳结构量子点作为荧光材料来进行测量与验证。量子点薄膜的制备方法为 PMMA 原位聚合法[114]。首先，将 25ml 甲基丙烯甲脂(methyl methacrylate, MMA)单体和偶氮二异丁腈(2,2-azobisisobutyronitrile，质量为 MMA 的 0.2%)在三口烧瓶中混合，并磁力搅拌均匀；随后，取 3ml 混合液体到离心管中，加入 10μl 量子点溶液并超声 10min；接着将混合溶液放入 70℃的温水浴中加热约 15min 直到溶液开始变粘稠(预聚过程)；随后立即将离心管放入冰水浴中降温，最后将溶液倒入模具中，放在 45℃加热箱中加热 24h，即可制备得到量子点 PMMA 薄膜。类似地，通过添加不同体积的量子点溶液，可以制备一系列不同浓度的量子点 PMMA 薄膜样品。图 5-10 为依次添加 10μl、20μl、30μl、40μl、50μl、60μl 而得到的系列浓度的样品的实物照片，依次编号为 1-6。

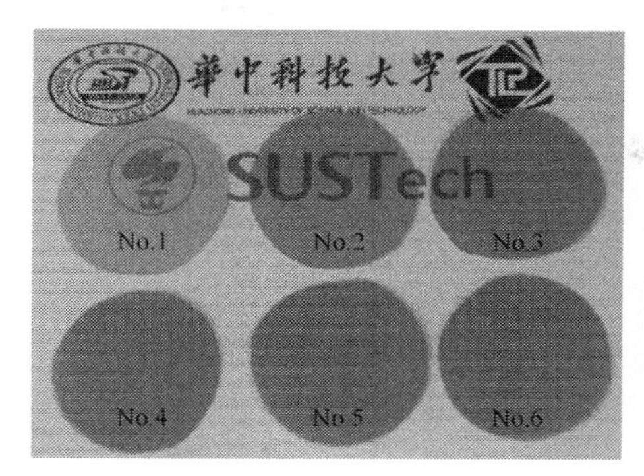

(a) 日光照射

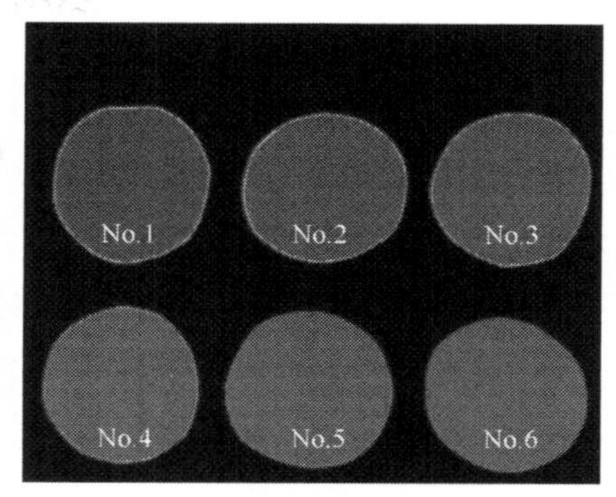

(b) 紫外光照射

图 5-10　制备得到的量子点 PMMA 样品照片

如图 5-11 所示，为在 450nm 蓝光和 650nm 红光入射下，双积分球测量得到的量子点 PMMA 样品的反射率和透射率变化趋势图。为方便说明，以下将量子点样品对蓝光的反射率、透射率和准直透射率定义为 V_{RB}、V_{TB}、V_{CTB}；对红光的反射率、透射率和准直透射率定义为 V_{RR}、V_{TR}、V_{CTR}。从测量结果中可以发现，V_{RB} 只占很少的能量比例，并且随着量子点浓度增加并没有明显变化。这主要是由于光在量子点薄膜中传输的过程中，被量子点后向散射的光能量进一步地被量子点颗粒所吸收；此外可以发现，量子点对于蓝光有较强烈的吸收和散射效应，V_{TB} 和 V_{CTB} 随着量子点浓度的增加而显著地减小，即直接穿过量子点薄膜向前传播的光能量明显减少。对比图 5-11(a) 和 5-11(b)，可以发现红光入射的情况与蓝光入射情况不同。V_{RR} 和 V_{TR} 随着量子点浓度的增加而增加，代表着量子点浓度的增加增强了多重散射效应，被量子点后向散射的光能量也因此有更多的机会从量子点薄膜内出射。随着量子点浓度增加，更多的红光改变了原有的传播方向，因而 V_{CTR} 也逐渐减小。

根据所测得的量子点薄膜的透反射率，由反向倍加法，可以计算得到其基本光学参数，计算结果如表 5-1 所示。从结果中可以看到，量子点对蓝光具有强烈的吸收，对红光有强烈的反射效应，并且对蓝光和红光都表现出散射的各向异性，被量子点颗粒散射后的光能量大部分都朝前向散射。随着量子点浓度的增加，量子点对蓝光和红光的吸收系数和散射系数逐渐增加，而各向异性系数基本保持不变，这也说明量子点的散射各向异性受浓度影响不大。

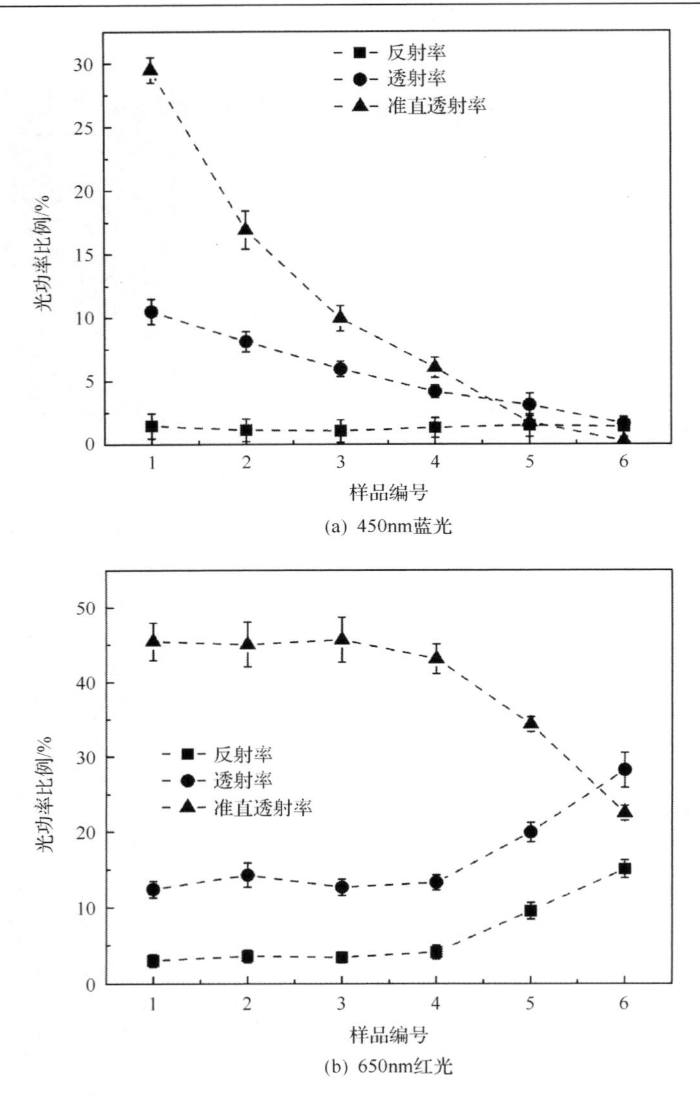

(a) 450nm蓝光

(b) 650nm红光

图 5-11　测量得到的量子点 PMMA 样品在不同光线入射下的反射率和透射率

计算得到量子点 PMMA 薄膜的基本光学参数后，便可以建立双积分球系统的光学模型，并利用蒙特卡洛(Monte Carlo)方法，对双积分球系统中光线的传播和转化过程进行了光学仿真。按照积分球的实际尺寸与间距，建立用于蒙特卡洛光学模拟的双积分球系统模型，其剖面图如图 5-12 所示。

表 5-1　计算得到的量子点 PMMA 薄膜样品的基本光学参数

样本号	μ_s/mm^{-1}		μ_a/mm^{-1}		g	
	450nm	650nm	450nm	650nm	450nm	650nm
1	1.3772	1.0691	1.4042	0.6564	0.5830	0.5555
2	1.7171	1.1117	2.2259	0.5543	0.5933	0.5737
3	2.1682	1.0585	2.8922	0.5890	0.5600	0.5297
4	2.9382	1.2490	3.7000	0.6062	0.4918	0.5038
5	4.7513	1.8611	4.2921	0.3839	0.5586	0.4455
6	8.0145	2.8908	5.5025	0.3146	0.6551	0.4828

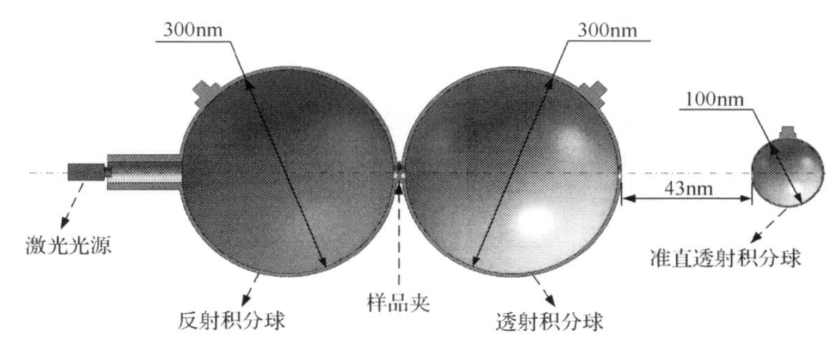

图 5-12　双积分球系统的光学仿真模型

为了减少模拟过程中的计算量，一些不影响光线传播的结构在模型中被简化处理。例如，在实际系统中，光电倍增管的探头是接收光能量的探测器，在光学模型中，探测器实际上是每个积分球的内表面，因此在模型中的探头并未开孔；在实际系统中，样品夹是可拆卸部件，便于安装量子点薄膜样品，为了避免侧面漏光导致的模拟误差，在光学模型中，样品夹被简化为封闭的环形结构。

在蒙特卡洛光学建模中，光学模型的参数设定主要有 5 部分：光源发光特性、材料属性、表面特性、体散射特性及荧光特性，下面分别说明每部分的参数设置。

(1) 光源发光特性：根据激光光源的技术规格书，其发光面积直径设置为 10mm，出光方向垂直发光面向外，并带有 1.2mrad 的发散角。发光波长设置为 455nm，光源总功率为 100mW。总光线数目为 200 万条；

(2) 材料属性：量子点 PMMA 薄膜样品的基质为 PMMA，因此设置薄膜样品的材料为标准的 PMMA；

(3) 表面特性：光学模型的表面中，三个积分球的内壁面设置为光接收面，以收集反射、透射及准直透射的光能量；其余表面按照厂家提供的硫酸钡 ($BaSO_4$) 涂层的反射率数据，设置为 98%的漫反射；

(4) 体散射特性：模型中只有量子点 PMMA 薄膜需要设置体散射，散射系数的数值按照表 5-1 中计算出的实际值进行设置；

(5) 荧光特性：荧光特性也只需对量子点 PMMA 设置。荧光特性中的量子产率、吸收系数、各向异性系数根据上一节中计算出的实际值进行设置。

如图 5-13 (a) 所示，为模拟和实验得到的入射蓝光透射率、反射率和准直透射率的对比图。从对比结果中可以发现，模拟结果与实验吻合良好，V_{TB} 和 V_{CTB} 的最大相对偏差仅为 0.26%；V_{RB} 的最大相对偏差为 0.32%。如图 5-13 (b)、(c) 所示，为模拟和实验得到的转化红光的反射率和透射率对比图，其中，由于功率太小，转化红光的准直透射率无法被探测器采集到，因此没有列出。从图中可以看到，转化红光的模拟和实验结果同样吻合较好，最大相对偏差为 1.16%。因此，利用双积分球测试系统和反向倍加算法结合，可以精确地测量得到量子点 PMMA 薄膜的光学参数，并进一步在光学仿真中对其进行准确光学建模。

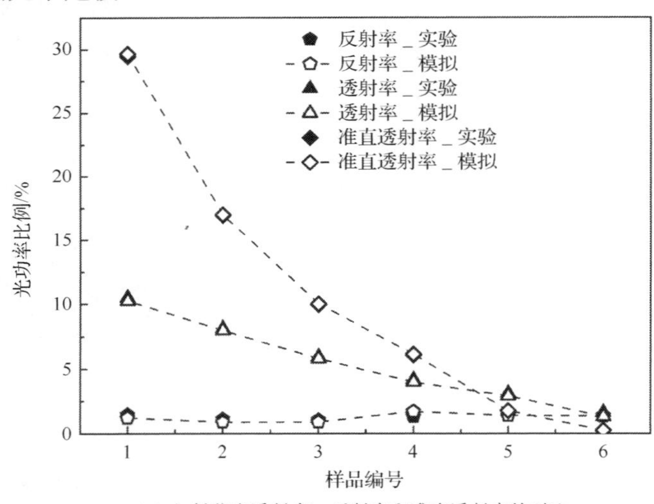

(a) 入射蓝光透射率、反射率和准直透射率的对比

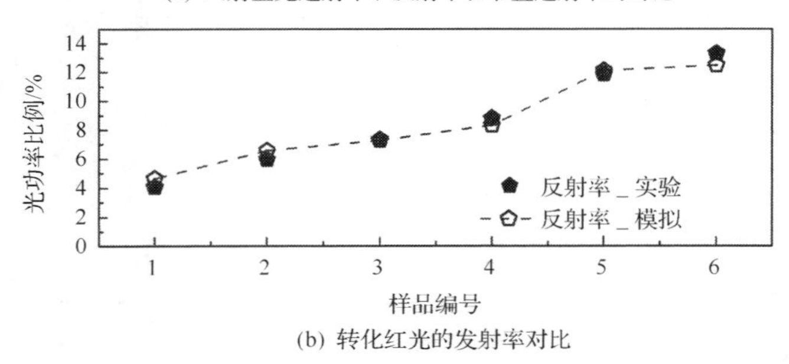

(b) 转化红光的发射率对比

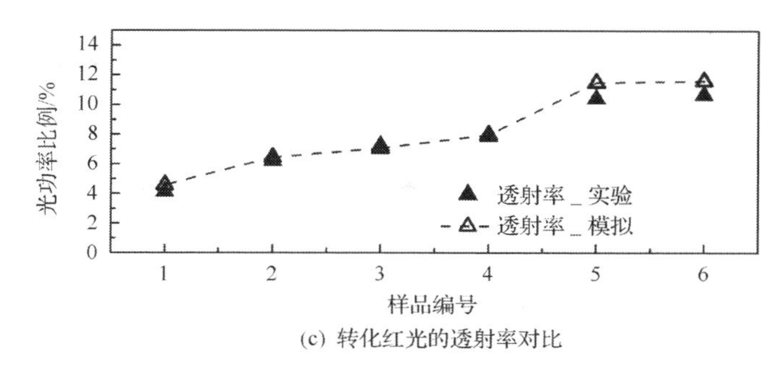

(c) 转化红光的透射率对比

图 5-13　模拟和实验得到的光学特性对比

5.3　白光 LED 封装体建模与分析

依据上一节建立的量子点基本光学参数测量方法，本节将对而对典型的白光 LED 封装体建立其光学模型，并对模型进行实验验证。

5.3.1　铜铟硫/硫化锌核壳结构量子点材料的制备与测量

由于有毒元素镉对人体健康有重大威胁，近年来镉系量子点如硒化镉(CdSe)、硫硒化镉(CdSSe)、硫化镉(CdS)等在照明与显示行业的应用逐渐被无镉量子点所替代。其中，铜铟硫/硫化锌量子点($CuInS_2/ZnS$，CIS)由于合成方法简便、量子产率高等特点，在白光 LED 发光器件、太阳能集热器等应用中受到了广泛关注。因此，本节采用 CIS 量子点来进行量子点 LED 建模的方案验证。

CIS 量子点的合成采用一锅法[115]，其合成路线如下。

首先，进行 CIS 核心的生成。取 0.025mmol 碘化亚铜(CuI，99.999%)、0.1mmol 乙酸铟($In(Ac)_3$，99.99%)、5ml 十二硫醇(DDT，98%)和 10ml 石蜡溶液置于 50ml 三口烧瓶中，在 120℃下脱气 3min，随后通入惰性气体保护并搅拌；3min 后将混合溶液升温到 230℃，并保持 60min，此时溶液中将逐渐形成 CIS 核心。

接下来进行 ZnS 壳层的包裹。壳层前驱体的制备方法为将 16mmol 硬脂酸锌(Zinc Stearate，Zn 含量 10%～12%)、8mlDDT、16ml 石蜡溶液混合，并在惰性气体保护下脱气 20min 使固体完全溶解，得到澄清溶液。随后，将制备好的壳层前驱体逐滴注入核层前驱体中，并将混合溶液升温至 240℃，反应 2h，完成包壳过程。

最终进行量子点溶液的提纯。取 1ml 的量子点原液，向其中加入过量乙醇，涡旋搅拌后在 15000 转/分下离心 5min；随后取上清液，向其中加入乙醇/正己烷混合溶剂，并再次离心，此时 CIS 量子点充分沉淀在离心管底部，而杂质则溶解在乙醇/正己烷混合溶剂中。最终得到的 CIS 量子点溶解在氯仿中，放在干燥箱中保存。

如图 5-14 所示，为合成过程中不同阶段取样得到的 CIS 量子点溶液图片。从量子点溶液在紫外灯照射下的发光颜色可以看出，在 CIS 核心生长过程中，随着成核时间的推移，CIS 核心尺寸变大，由于量子尺寸效应，其能隙减小，发射光谱逐渐红移；在 ZnS 壳层的包裹过程中，随着时间推移，ZnS 壳层部分进入 CIS 核心，形成合金结构，由于 ZnS 能隙较大，因此 CIS/ZnS 量子点的发射光谱逐渐蓝移。

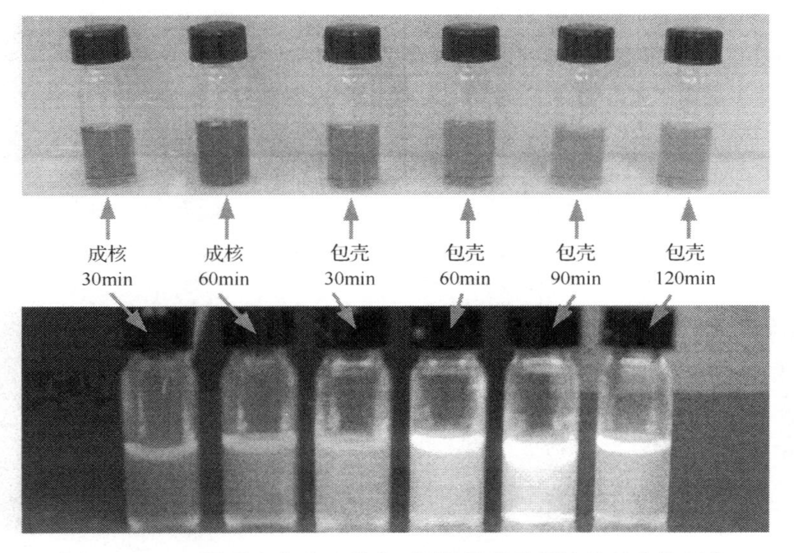

图 5-14　CIS 量子点合成过程中不同阶段的取样溶液的实物照片

上图为量子点取样在日光下的照片，下图为在紫外灯照射下的照片

如图 5-15 所示，为合成过程中不同阶段的 CIS 量子点溶液的发射光谱。从发射光谱的峰值波长变化趋势，也可以看出成核过程中与包壳过程中量子点发光波长的变化。最终包壳 2h 后得到的 CIS 量子点溶液峰值波长为 573nm，提纯后，测得绝对量子产率为 66%。

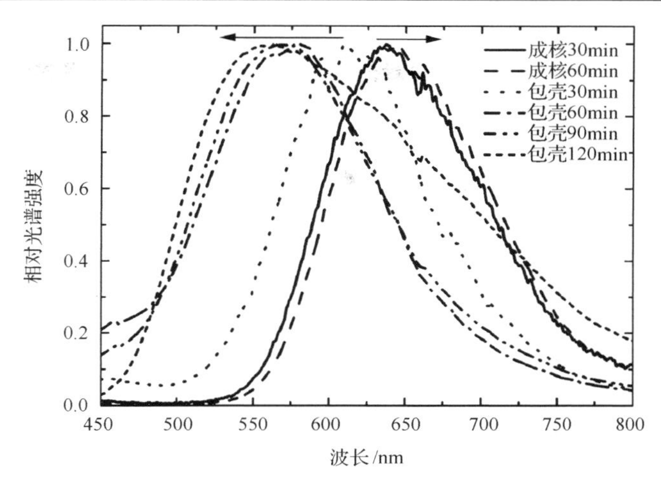

图 5-15　CIS 量子点合成过程中不同阶段的取样溶液的发射光谱

在合成得到所需的 CIS 量子点溶液后，接下来将制备所需的量子点复合薄膜样品。本节选用透明度高，并且与量子点表面配体兼容性较好的 PMMA 作为复合薄膜的基础材料。

量子点 PMMA 薄膜样品的制备方法为：首先，取 6g PMMA 固体颗粒于 50 ml 单口烧瓶中，随后向烧瓶中加入 18ml 氯仿溶剂，常温下密闭搅拌 30min，得到澄清的 PMMA 溶液；再按一定体积比取 CIS 量子点溶液与 PMMA 溶液混合，涡旋搅拌均匀后，超声 15min，倒入定制的表面涂有聚四氟涂层的铝制模具中，在 20℃下静置 12h，使氯仿溶剂完全挥发，最终得到厚度均匀的量子点 PMMA 薄膜样品。按照以上方法，制备了 12 片不同浓度及厚度的量子点 PMMA 薄膜样品，各样品的浓度配比如表 5-2 所示，实物照片如图 5-16 所示。

表 5-2　制备的量子点 PMMA 薄膜样品的浓度配比及厚度

序号	1	2	3	4
PMMA:量子点	0.5ml:0.1ml	0.5ml:0.2ml	0.5ml:0.3ml	0.5ml:0.4ml
样品厚度/mm	0.09	0.09	0.10	0.11
序号	5	6	7	8
PMMA:量子点	1ml:0.2ml	1ml:0.4ml	1ml:0.6ml	1ml:0.8ml
样品厚度/mm	0.14	0.15	0.15	0.16
序号	9	10	11	12
PMMA:量子点	1.5ml:0.3ml	1.5ml:0.6ml	1.5ml:0.9ml	1.5ml:1.2ml
样品厚度/mm	0.21	0.23	0.24	0.24

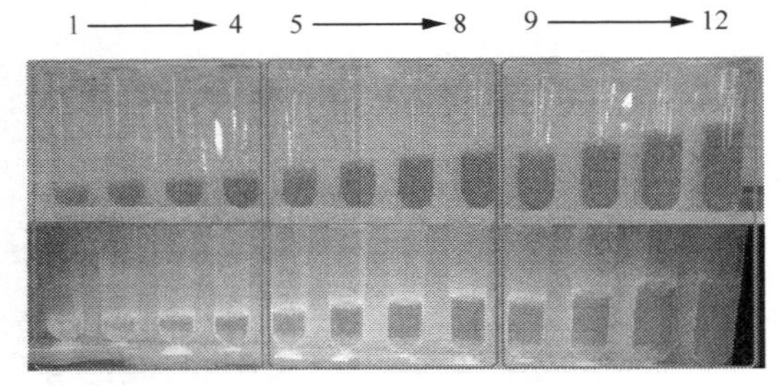

(a) 配制的不同浓度及体积的量子点PMMA溶液的实物照片
上半部分为日光下拍摄，下半部分为紫外灯下拍摄

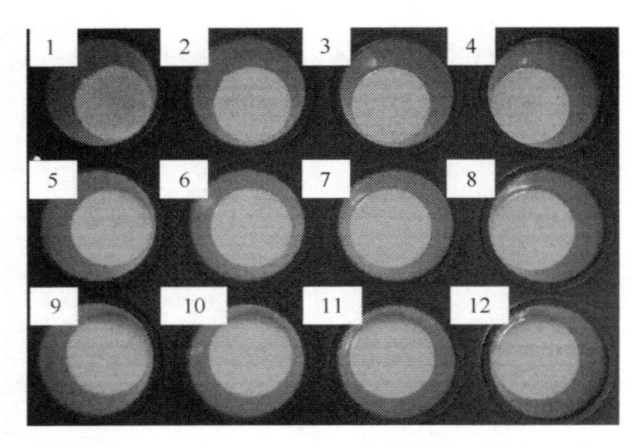

(b) 制备好的量子点PMMA在紫外灯照射下的实物图

图 5-16　制备的量子点 PMMA 复合薄膜样品

本节采用 5-2 节搭建的双积分球测试系统对制备的量子点 PMMA 薄膜进行测试。测试步骤如下：

(1) 首先点亮蓝光准直光源，将标准白板插入样品位，读出反射积分球测得的光功率，该数据记为入射光总功率 P_0；

(2) 将标准白板取出，将空的样品夹插入样品位，读出反射积分球与透射积分球测得的光功率，分别记录为 $P_{r,1}$、$P_{t,1}$；

(3) 将量子点 PMMA 薄膜样品放入样品夹，读出反射积分球、透射积分球、准直透射积分球测得的光功率，分别记录为 $P_{r,2}$、$P_{t,2}$、P_{ct}；

(4) 最终测得的样品的反射率 V_r、透射率 V_t、准直透射率 V_{ct} 的值由下式得到：

$$V_r = \frac{P_{r,2} - P_{r,1}}{P_0} \times 100\% \tag{5-32}$$

$$V_{\mathrm{t}} = \frac{P_{\mathrm{t},2} - P_{\mathrm{t},1}}{P_0} \times 100\% \tag{5-33}$$

$$V_{\mathrm{ct}} = \frac{P_{\mathrm{ct}}}{P_0} \times 100\% \tag{5-34}$$

对于蓝光入射的情况，因为 CIS 量子点在吸收蓝光之后还会激发出黄光，所以积分球所测得的光谱需要分为两个波段。测试中以 500nm 作为分界线，380～500nm 的光谱的光功率称为蓝光的光功率，500～780nm 的光谱的光功率称为量子点的发射光功率。

如图 5-17 和图 5-18 所示，分别给出了蓝光入射 CIS 量子点薄膜样品时，样品对入射蓝光和自身发射黄光的透、反射率测试结果。

从图 5-17(a)、图 5-18(a)中可以看出，随着样品厚度的增加，蓝光和黄光的透射率都随之降低；对比不同量子点浓度时，样品对蓝光和黄光的透射率，也可以发现透射率是随着浓度的增加而减少的。这说明，样品对蓝光与黄光透射率的变化趋势符合颗粒多重散射的基本规律，即随着浓度与厚度逐渐增加，量子点粒子对入射蓝光发生多重散射的概率增加，因此入射光线透过量子点样品的概率将逐渐减少。

对比样品对蓝光和黄光的透射率变化值，还可以发现，量子点对蓝光透射率的下降幅度，远大于量子点自身发射黄光的情况。这可以从量子点的吸收谱图中得到解释[137]：量子点对蓝光的吸收强度大于其对黄光的吸收强度，因此随着浓度与厚度的增加，量子点对蓝光强烈的吸收作用，以及增强的多重散射作用会导致更多的蓝光被吸收，而因为量子点对自身发射黄光的吸收度较小，所以，在经历多重散射后，黄光仍有较多能量穿透量子点 PMMA 薄膜。

从图 5-17(b)、图 5-18(b)可以看出，由于量子点对入射蓝光和自身发射黄光表现出不同的吸收作用，蓝光与黄光的反射率变化趋势也截然相反。随着量子点浓度与样品厚度的增加，量子点薄膜对蓝光的反射率逐渐减小，而对黄光的反射率却逐渐增加。这主要是由于后向散射的蓝光在向后传播的过程中，仍然会被量子点强烈地吸收，从而在量子点浓度或样品厚度增加时，越来越少的蓝光被反射出样品；而随着量子点浓度或样品厚度的增加，量子点自身发射黄光被吸收不多，在经历多重散射后，仍然有较多地被反射出样品。

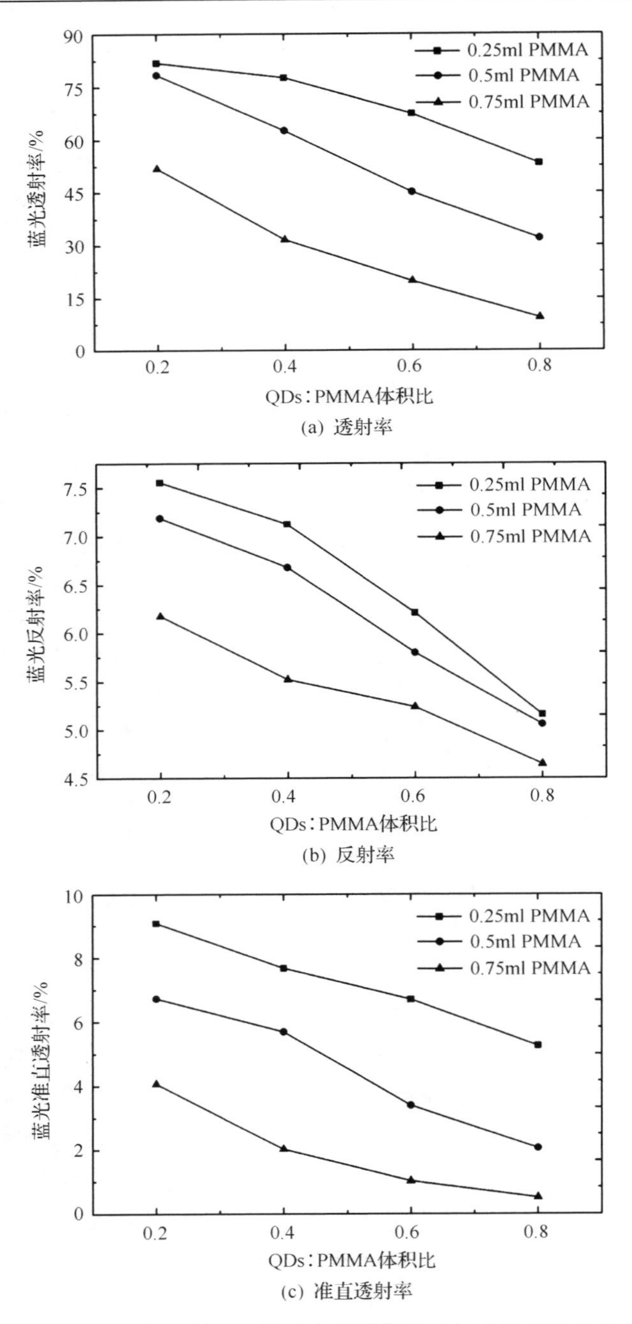

图 5-17　蓝光入射 CIS 量子点薄膜样品时的光学特性对比

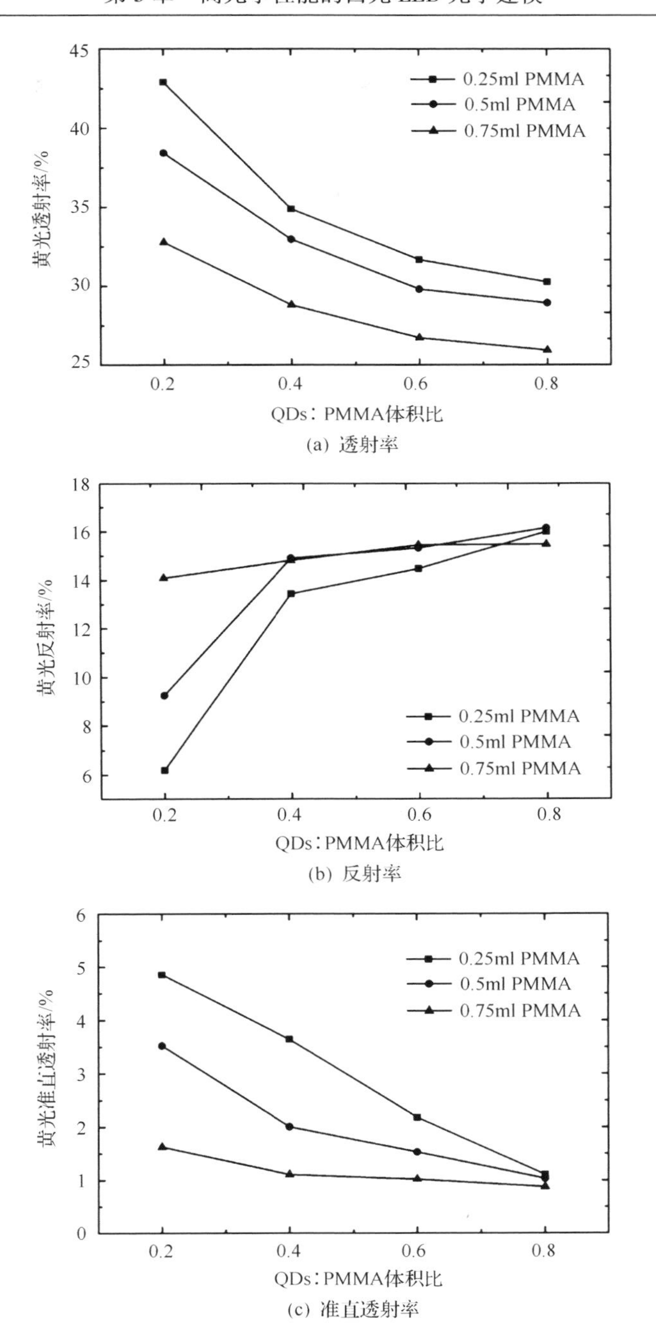

图 5-18　蓝光入射 CIS 量子点薄膜样品时自身发射黄光的光学特性

量子点对蓝光强烈的吸收作用意味着，在量子点 LED 的封装中，当蓝光从 LED 芯片中出射后，大部分能量将被量子点吸收而再次被芯片吸收的能量将较少；然而，量子点对自身发射黄光强烈的后向散射作用则意味着，从量子点发出的黄光会在量子点和 LED 芯片之间来回散射多次。因此，蓝光被转换成量子点发射黄光后，会有一大部分被 LED 芯片所吸收，导致量子点 LED 的取光效率明显下降。特别是在量子点直接点涂于LED芯片上的封装方式中，芯片对量子点自发黄光的吸收作用将更加明显，从而使得量子点 LED 器件的光效显著下降。

图 5-19 是量子点 PMMA 薄膜的转换效率 η_{CE}，可由下式计算：

$$\eta_{CE} = \frac{P_{CT} + P_{CR} + P_{CCT}}{P_0 - P_{BT} - P_{BR} - P_{BCT}} \tag{5-35}$$

式中，P_{CT}、P_{CR}、P_{CCT} 是透射、反射和准直透射的量子点发射光的光功率；P_{BT}、P_{BR}、P_{BCT} 是透射、反射和准直透射的蓝光的光功率。

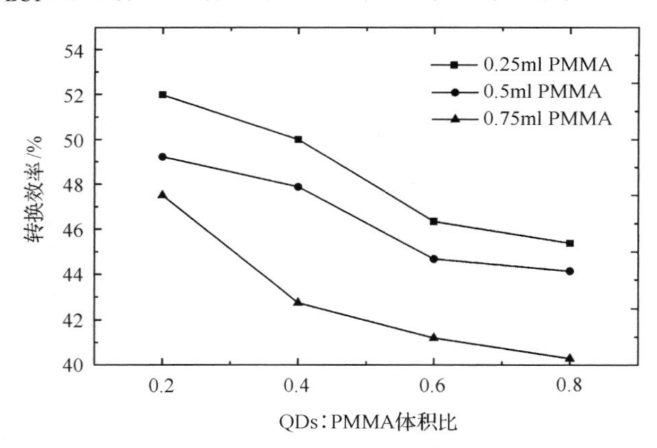

图 5-19　蓝光入射 CIS 量子点薄膜样品时的转换效率

从图 5-19 可以发现，随着量子点浓度和样品厚度的增加，量子点对蓝光的转换效率逐渐降低。这主要是由于浓度或厚度增加，量子点对光线的多重散射作用，导致样品对自身发射光的自吸收作用加剧，从而使转换效率降低。当 PMMA 体积为 0.5ml，量子点溶液体积为 0.2ml 时，转换效率为 48.97%，此时，根据样品的转换效率 η_{CE} 可以计算得到其量子产率 η_{QY}：

$$\eta_{QY} = \frac{\eta_{CE}}{\eta_{Stokes}} = \frac{\eta_{CE}}{\lambda_B / \lambda_C} \tag{5-36}$$

其中，η_{Stokes} 为量子点的斯托克斯效率，其大小决定于入射蓝光的峰值波长和量子点自身发射光的峰值波长。本书中 λ_B 和 λ_C 分别为 455nm 和 583nm，进而，计算得到的量子点的量子产率约为 62.74%，略低于提纯后的量子点溶液的量子产率 66%，这说明，在与 PMMA 形成复合物薄膜时，CIS 量子点的量子产率略有下降。

根据 5.2 节的反向倍加法计算理论，可以计算得到，量子点 PMMA 薄膜样品对入射蓝光和自身发射黄光的三个基本光学参数，即散射系数 μ_s、吸收系数 μ_a、各向异性系数 g，如图 5-20 所示。

从图 5-20(a)可以看出，随着量子点浓度增大，量子点对蓝光的吸收系数逐渐增大，表明更多的蓝光被量子点吸收；而黄光的吸收系数随着量子点浓

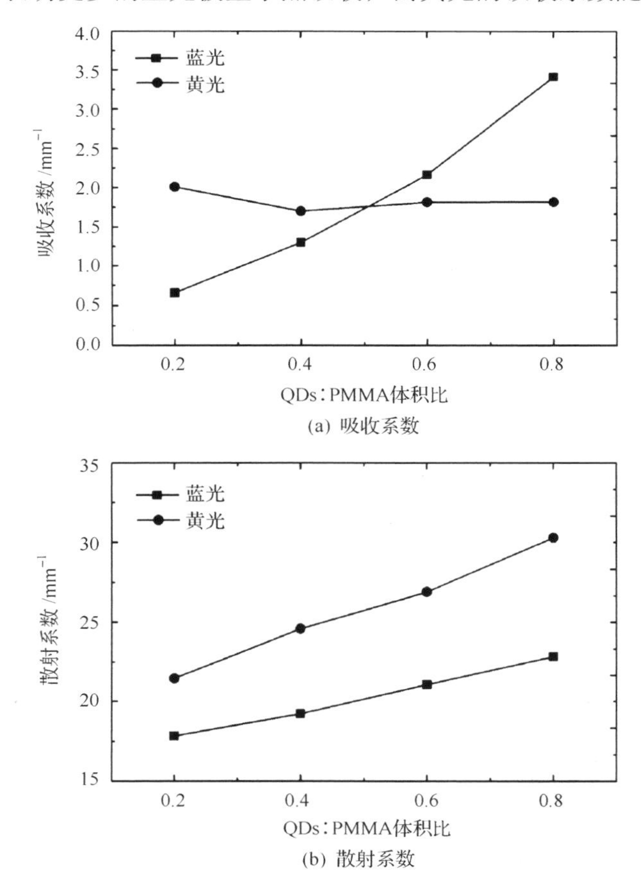

(a) 吸收系数

(b) 散射系数

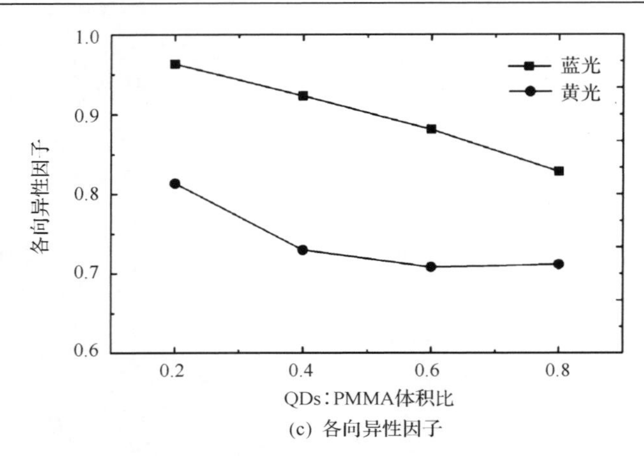

(c) 各向异性因子

图 5-20　蓝光入射 CIS 量子点薄膜样品时蓝光与黄光的基本光学参数

度增大的变化不明显，这也说明，量子点对自身发射黄光的吸收较少，从量子点与 PMMA 体积比大于 0.5 开始，量子点对蓝光的吸收系数大于对黄光的吸收系数。

量子点对入射蓝光与自身发射黄光的散射系数的变化趋势，如图 5-20(b)所示，从图中可以看出，量子点对蓝光和自发黄光的散射系数，随着量子点浓度的增大而逐渐增加，这个趋势也符合颗粒多重散射的基本规律。其中，量子点对黄光的散射系数大于其对蓝光的散射系数，这从样品对蓝光和黄光的准直透射率的大小也能观察得到，即更多的黄光被散射，从而偏离原入射方向，导致黄光的准直透射率小于蓝光。

此外，从图 5-20(c)中蓝光与黄光的各向异性因子变化情况，也可以说明量子点多重散射的基本规律。当量子点浓度较小时，入射蓝光的各向异性因子接近 1，意味着很大一部分未被吸收的蓝光都沿着原方向前向散射；当量子点浓度增大时，蓝光的各向异性因子逐渐减小至 0.85，说明此时被量子点散射而偏离原入射方向的蓝光逐渐增多，入射蓝光逐渐向周围及后向进行传播。相比蓝光而言，各个浓度的量子点自发黄光的各向异性因子更小，说明被量子点散射的黄光有更多的部分朝着周围及后向进行传播。

5.3.2　典型量子点 LED 封装结构与模型设定

根据上一节中计算得到的 CIS 量子点基本光学参数，本节将对典型的量子点白光 LED 进行光学建模，分析不同封装结构所带来的光学性能差异，最终对现有的量子点白光 LED 封装结构提供指导。

近年来，基于光致发光量子点转换的量子点 LED 受到国内外学者和产业界的广泛关注，与之相应的量子点 LED 封装技术也日益引起业界的重视。量子点 LED 的封装技术主要为了实现两个目标：一是提高量子点 LED 的出光效率，二是保证量子点的光热稳定性。按照不同的应用领域，目前量子点 LED 的封装结构主要有以下几种。

对于显示领域，量子点 LED 主要提供显示器屏幕的背光源。目前已经商用的量子点液晶显示器主要有三种封装结构，即紧贴芯片封装、紧贴边缘封装、紧贴屏幕封装，如图 5-21 所示[116]。

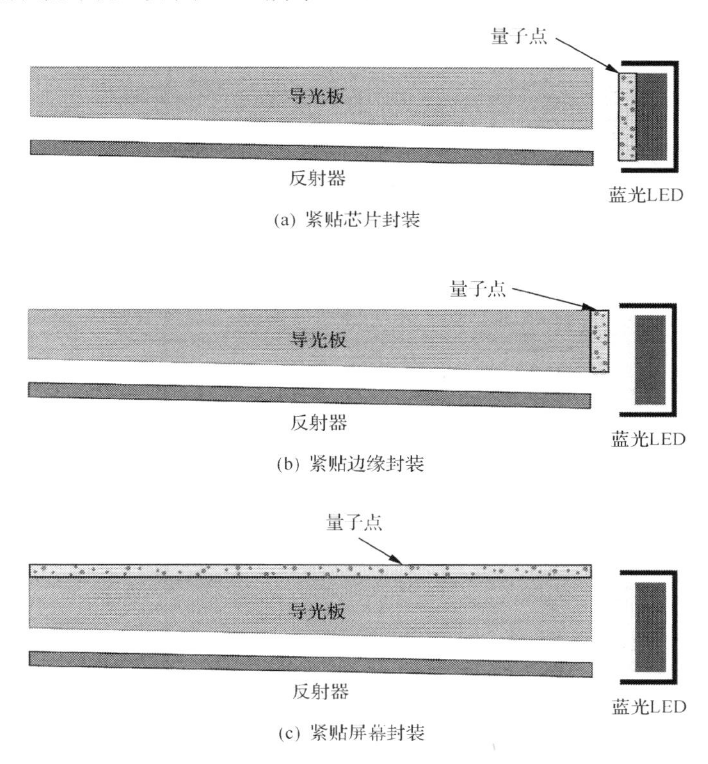

图 5-21　量子点显示领域常用的三种封装结构

紧贴芯片封装方式将量子点层直接涂覆在蓝光 LED 芯片上，再将量子点 LED 灯珠集成到背光模组中。这种封装结构的优势在于，只需要将传统荧光粉转化白光 LED 灯珠替换为量子点白光 LED，即可将传统液晶显示器升级为量子点液晶显示器，从而，传统液晶显示器的生产及组装产线可以继续用于制造高性能量子点液晶显示器。这种封装结构的缺陷在于，量子点层直接涂覆于 LED 芯片上，需要对量子点胶体进行额外的隔绝水氧的工艺，否则，暴露于空气中的量子点会由于水氧等小分子的侵蚀而产生表面配体脱落，导致表面缺陷增多，发光稳定性变差，最终导致量子点液晶屏寿命缩短。

紧贴边缘封装方式是将量子点胶体封装在密封性能良好的长管中，如高硼硅玻璃管、石英玻璃管等，从而保护量子点材料隔绝空气中的水氧，达到良好的量子点发光稳定性。这种封装方式优点明显，但缺陷是对 LED 液晶屏的结构改动较大，生产成本较高。

类似地，紧贴屏幕封装方式是将量子点胶体与 LED 液晶屏中的光学组件如增亮膜、漫反射片等集成在一起，一方面利用致密的光学膜层将量子点材料保护起来，使其免受小分子水氧的侵蚀，另一方面也使得传统荧光粉白光 LED 液晶屏只需替换光学膜片即可升级为量子点显示屏。然而，这种封装方式的缺陷是量子点需要覆盖整个屏幕大小，对于越来越受欢迎的大尺寸液晶屏幕而言，其附加成本太高。

对于照明领域，量子点白光 LED 封装技术主要目标为提高器件的照明质量，即显色指数 CRI。因此，学者们的研究重点主要集中在量子点白光 LED 的光谱优化及结构优化，从而获得高 CRI 的光谱功率分布[117,118]。然而，目前对于量子点白光 LED 封装结构的研究及优化工作仍然没有发展完善，其封装结构大多沿用荧光粉白光 LED 的传统结构。如图 5-22 所示，目前常用的量子点白光 LED 的封装结构有直接点涂封装、远离涂覆封装以及异形结构封装。

直接点涂封装是将量子点胶体直接涂覆于蓝光 LED 芯片上，再将胶体固化得到固态量子点白光 LED。通常在量子点胶体周围会注入封装胶，将量子点与空气中的水汽和氧气隔绝。直接点涂封装的优势是封装工艺简单，且量子点的体积及浓度配比调控方便。其缺陷是量子点与 LED 芯片直接接触，量子点与 LED 芯片双重发热，将导致器件热点温度升高，如果缺乏有效的散热措施，则量子点将因温度过高而产生发光衰减，最终影响器件的发光效率及稳定性。

远离涂覆封装是将量子点远离 LED 芯片进行封装，量子点远离芯片可以避免因 LED 芯片发热导致的温度过高，从而保证量子点长期点亮的发光稳定性。但远离涂覆封装的缺陷是，LED 发出的蓝光在进入和出射量子点薄膜时，由于全反射导致的光能量损失较大。

因此，第三种封装方式——异形结构封装也逐渐被学者们作为研究重点。该方式中将量子点薄膜制备成特殊的利于出光的结构，如半球形、球冠形等，但目前异形结构封装对加工工艺要求较高，其成本也比前两种封装方式高。

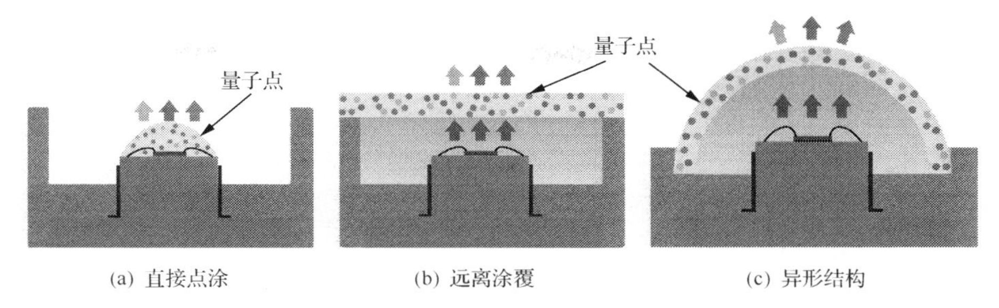

图 5-22　量子点照明领域常用的三种封装结构

综上所述的显示与照明应用中量子点白光 LED 的封装结构，虽然针对于不同应用需求，封装方式差异较大，但量子点远离 LED 芯片的封装结构是目前应用较广泛的方式。由于远离涂覆结构中，量子点复合薄膜的浓度配比及形貌分布对量子点白光 LED 的光热性能有着关键影响，而单纯地利用实验的方法研究影响量子点白光 LED 光热性能的因素往往比较困难。采用光学建模仿真的方法，可以有效地分析不同的因素对器件光热性能的影响，从而精确地了解封装过程中的性能变化规律，找到针对性的解决办法。

因此，下面将根据典型的远离涂覆量子点白光 LED 设定其光学模型，并根据上一节中得到的量子点的基本光学参数对典型量子点白光LED进行光学建模。

类比于荧光粉玻璃片的封装结构[119-121]，量子点 LED 的远离涂覆有以下三种典型结构：空气填充[61]（结构 1）、硅胶透镜[122]（结构 2）、硅胶填充[106]（结构 3）。三种封装结构如图 5-23 所示。在结构 1 中，量子点薄膜与 LED 腔体之间的空间由空气填充满；在结构 2 中，LED 芯片表面点涂了半球形的硅胶透镜；在结构 3 中，量子点薄膜与 LED 腔体之间的空间由硅胶填充满。

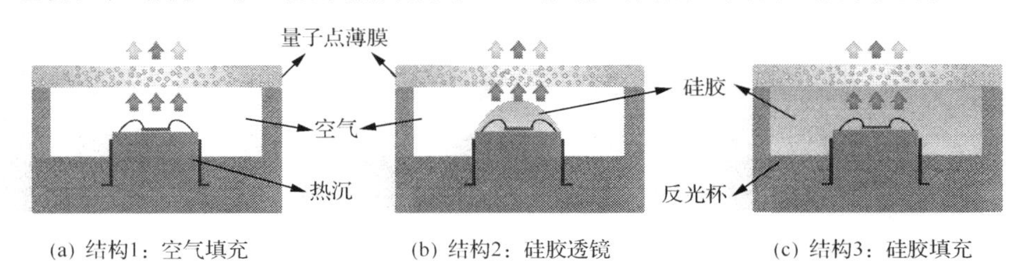

图 5-23　三种典型的远离涂覆量子点 LED 封装结构

根据实际的封装结构与尺寸建立了三种结构的物理模型，模型中各部分的光学属性定义如下：

(1) LED 芯片。芯片采用典型的水平发光芯片，其尺寸为 1mm×1mm，物理结构如图 5-24 所示，从上至下依次为氧化铟锡(indium tin oxides, ITO)层、P 型氮化镓(P-GaN)层、多量子阱(multiple quantum wells, MQW)层、n 型氮化镓(n-GaN)层、蓝宝石衬底层与金属反光层。对应的各层的材料属性列于表 5-3 中。

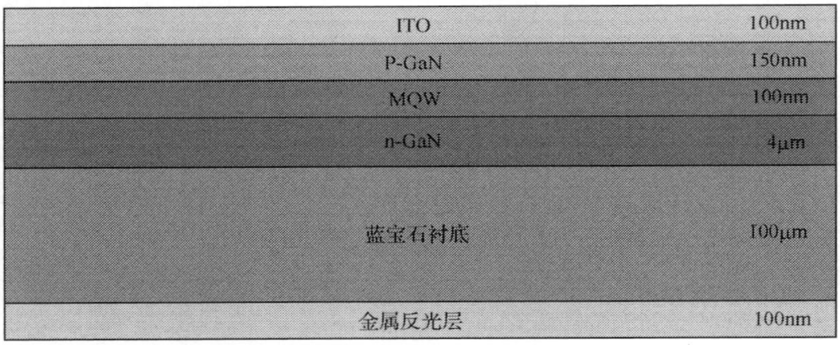

图 5-24　水平 LED 芯片模型结构

表 5-3　水平芯片各层材料特性

材料	入射波长/nm	折射率	吸收系数
ITO	457	2	0
	585	1.95	0
p-GaN	457	2.43	2
	585	2.36	1.5
MQW	457	2.51	120
	585	2.39	8
n-GaN	457	2.43	2
	585	2.36	1.5
蓝宝石	457	1.76	0
	585	1.76	0

(2) 量子点层。三种封装结构中所用的量子点为上一节合成的 CIS 量子点。发射峰波长为 574nm，半峰全宽为 130nm。在制备量子点薄膜的过程中，0.6ml 量子点溶液首先溶解在三氯甲烷(Chloroform)中，随后向混合溶液中加入 1mg 的 PMMA 颗粒。混合溶液经搅拌、超声处理后，注入铝制模具中。随后将整套装置放入真空腔中，静置使三氯甲烷自然挥发，即可得到量子点

与 PMMA 的复合材料薄膜。测得薄膜厚度为 0.33mm，其基本光学参数列于表 5-4 中。

表 5-4　所用量子点薄膜的基本光学参数

波长	蓝光	自身发射黄光
散射系数 μ_s/mm^{-1}	21.5256	26.5289
吸收系数 μ_a/mm^{-1}	2.0135	1.7586
各向异性系数 g	0.8953	0.7354

(3)封装材料表面属性。量子点 LED 封装中，金属热沉顶面的镀银层的表面反射特性是必须考虑的，因为，从芯片侧面发出的光线和从量子点层中散射的光线大部分都会在该表面发生反射。纯银在可见光波段的反射率可以高于 95%，但用于 LED 封装的镀银层较粗糙，因此设置其镜面反射率为 85%；此外模塑料内壁面的表面属性对建模准确性也很关键。由于模塑料是通过模具注塑后形成的，所以一般认为其表面为漫反射，对于白色的模塑料，漫反射率设置为 80%。

5.3.3　量子点白光 LED 光学建模与实验分析

量子点 LED 的光学仿真采用蒙特卡洛光线追迹方法。在量子点 LED 的发光过程中有两次能量转换，第一次为电子注入芯片中产生蓝光光子，第二次为蓝光光子激发量子点，发射出黄光光子。因此，在仿真过程中需要分两步进行：第一步首先追迹从芯片中发出的蓝光，第二步将被量子点吸收的蓝光转化成发射光，再次进行追迹，具体的计算流程如图 5-25 所示。

评价量子点 LED 光学性能的指标主要有封装效率、流明效率、相关色温及显色指数。其中，封装效率是评价 LED 封装结构出光性能的指标，流明效率是评价 LED 封装亮度的指标，而相关色温和显色指数是评价 LED 颜色品质的指标。

封装效率定义为经过封装体出射的光能量占从芯片出射的光能量的比例，为了得到封装中各个部件对蓝光和黄光的影响，进一步地，可以定义蓝光的封装效率 $\eta_{\text{pack-B}}$ 和量子点发射黄光的封装效率 $\eta_{\text{pack-Y}}$：

$$\eta_{\text{pack-B}} = \frac{P_{\text{opt-B}}}{P_{\text{ele}} \cdot \eta_{\text{inj}} \cdot \eta_{\text{int}} \cdot \eta_{\text{feed}} \cdot \eta_{\text{chip-LEE}}} \tag{5-37}$$

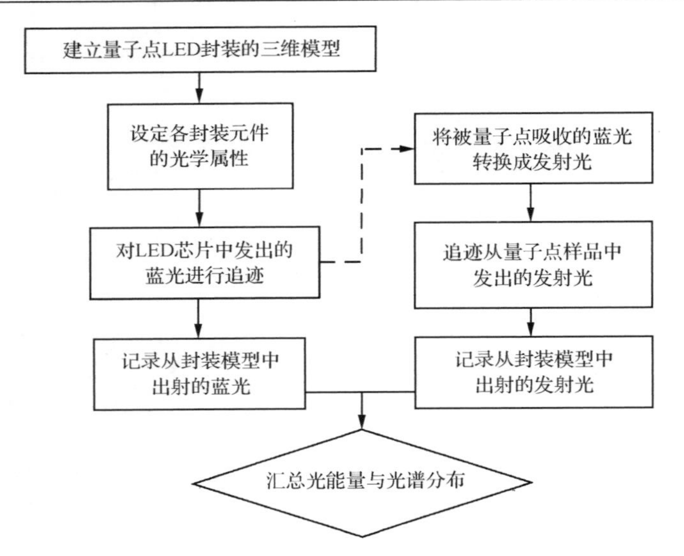

图 5-25　量子点 LED 的光学仿真计算流程图

$$\eta_{\text{pack-Y}} = \frac{P_{\text{opt-Y}}}{P_{\text{ele}} \cdot \eta_{\text{inj}} \cdot \eta_{\text{int}} \cdot \eta_{\text{feed}} \cdot \eta_{\text{chip-LEE}}} \tag{5-38}$$

式中，$P_{\text{opt-B}}$ 与 $P_{\text{opt-Y}}$ 分别是从封装体中出射的蓝光和黄光的光功率；P_{ele} 为通入 LED 芯片的电功率；η_{inj} 为电子注入效率，即通过有源层的电子数量与通过芯片的电子数量的比例；η_{int} 为内量子效率，即从有源层中发出的光子数量与通过有源层的电子数量的比例；η_{feed} 为复合效率，即从芯片中发出的光子数量与从有源层中发出的光子数量的比例；$\eta_{\text{chip-LEE}}$ 为芯片的封装取光效率。

为了简化光学仿真中的参数设定，可以假定通入芯片的电功率为 1W，电子注入效率、复合效率均为 100%，内量子效率设定为 70%；这样就可以得到

$$\eta_{\text{pack-B}} = \frac{P_{\text{opt-B}}}{0.7\eta_{\text{chip-LEE}}} \tag{5-39}$$

$$\eta_{\text{pack-Y}} = \frac{P_{\text{opt-Y}}}{0.7\eta_{\text{chip-LEE}}} \tag{5-40}$$

因此，在仿真中，只需获得蓝光和量子点发射黄光的光功率，以及 LED 芯片的取光效率后，就可以计算得到蓝光、黄光的封装效率，从而获得整个

量子点 LED 的电光转换效率。

模拟得到的三种量子点 LED 的光功率及封装效率，列于表 5-5 中。

表 5-5　模拟得到的三种远离涂覆量子点 LED 封装的光功率及封装效率

封装结构	结构 1	结构 2	结构 3
蓝光光功率/mW	30	34.8	23.1
黄光光功率/mW	27	30.3	41.4
芯片取光效率/%	13.82	16.26	14.58
蓝光封装效率/%	31.01	30.57	22.63
黄光封装效率/%	27.91	26.36	40.56
器件发光效率/%	5.70	6.51	6.45

从三种封装结构的封装效率可以看出，结构 2 的芯片取光效率最高，而结构 1 的芯片取光效率最低；导致两种结构在芯片取光效率上的差异的原因，可以从图 5-26 的芯片出光模拟图中看出。在结构 1 中，由于 GaN 芯片与空气折射率的差异，大部分光线在芯片上表面发生全反射而无法直接出射，最终这部分能量被芯片吸收，所以结构 1 的芯片取光效率低；在结构 2 中，芯片上表面的硅胶透镜使得由芯片到空气介质的折射率平稳过渡，有更多的光线可以出射，因此其芯片取光效率明显较高。

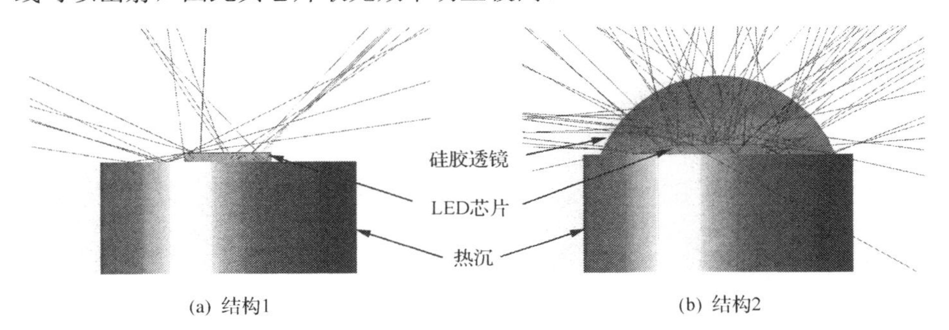

图 5-26　结构 1 与结构 2 的量子点 LED 中芯片的光线出射模拟图

此外，对比结构 2 与结构 3 可以看出，虽然两者的器件发光效率，即两种封装方式将电能转换为光能的效率接近，但两者的出射光能量中蓝光与黄光的组成比例相差较大。在结构 2 中蓝光与黄光能量大小接近，而结构 3 中发射黄光明显多于透射蓝光。导致这两种光能量比例差异的原因，也可以从其封装体出光光路模拟图中得到解释。如图 5-27 所示，为结构 2 与结构 3 中的封装体光线模拟图(为方便观察，两结构中模塑料及结构 3 中硅胶填充层已经隐藏)。从图中可以看到，结构 2 中量子点薄膜与 LED 芯片间存在空气层，因此进入量子点层的光线因为全反射的缘故，将不会再次回到封装体内部；而结构 3 中量子点薄膜与 LED 芯片间填满硅胶，因此进入量子点层的光线将有概率再次回到封装体，最终经过多次反射后再次激发量子点层。因此，结构 3 中有更多蓝光转化为量子点发射黄光。

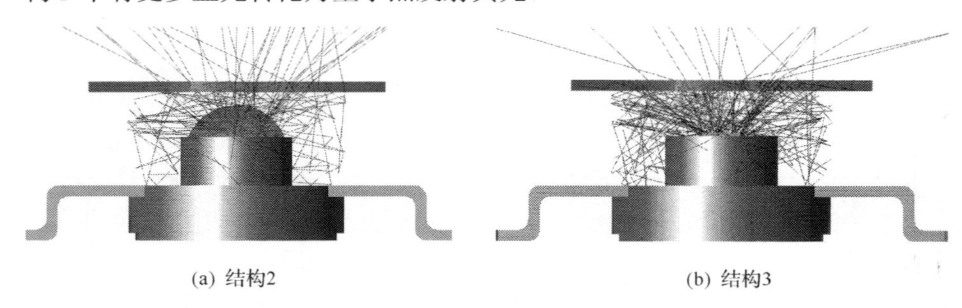

(a) 结构2 (b) 结构3

图 5-27 结构 2 与结构 3 的量子点 LED 中封装体的光线出射模拟图

从三种不同的封装结构的出光效率及封装效率对比可以看出，影响芯片出光效率的主要因素是填充在芯片周围的介质层，当填充介质折射率较大时，芯片的取光效率将相应增大；而影响量子点层发射光的主要因素是入射蓝光在量子点层中的传播路径，即光程的长短，当蓝光在量子点中的光程较长时，量子点将把更多的蓝光转化为自身发射光。

5.3.4 量子点 LED 仿真结果的实验验证

从上一节中三种典型量子点 LED 的光学仿真结果来看，不同的封装结构对量子点 LED 最终的光学性能有较大的影响，虽然，光学仿真手段可以对量子点 LED 中的能量传递与转化过程进行模拟，但是无法完全探究其光色品质的差异。因此，我们封装了三种典型的量子点 LED，一方面，对光学仿真结果进行验证，另一方面，进一步地探究封装方法对量子点 LED 光学性能的影响。

封装三种量子点 LED 的流程为：首先将 LED 芯片通过锡铅焊料固定在热沉顶部；随后利用金线建立 LED 芯片表面电极与引线框架的电连接；再将硅胶点涂到结构 2 与结构 3 中，120℃固化 30min；最后将量子点薄膜覆盖在

LED 模块顶部，用封装胶粘接，完成整个封装。如图 5-28 所示，为结构 1 的量子点 LED 在 350mA 下点亮的实物图。

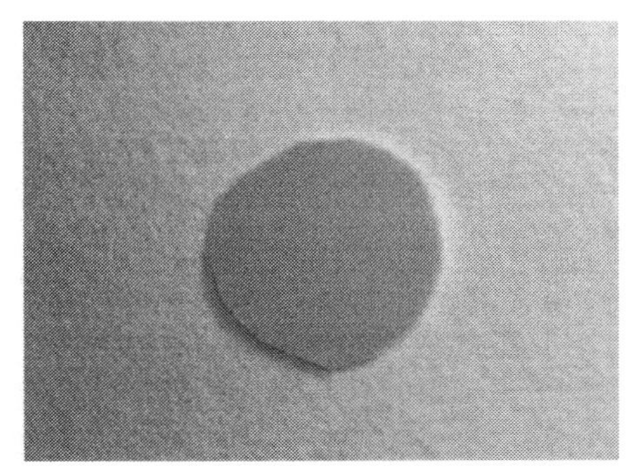

(a) 量子点薄膜实物图

(b) 点亮的结构1量子点LED实物图

图 5-28　封装的量子点 LED

随后，我们测试了三种量子点 LED 模块在 350mA 恒流下点亮的光功率数据，列于表 5-6 中。

表 5-6　350mA 点亮测试得到的三种量子点 LED 封装的光功率及光效数据

封装结构	蓝光光功率/mW	黄光光功率/mW	光效/(lm/W)
结构 1	95.67	83.93	41.34
结构 2	118.81	100.89	50.12
结构 3	75.59	137.61	67.25

从实验测试数据中可以发现，上一节中模拟得到的蓝光与黄光的光功率数据绝对数据与实测值有较大差距，可能的原因是，在光学仿真中，LED 芯片的各个表面均设置为平滑表面，而在实际的 LED 芯片制造中，通常会有特殊的工艺对芯片表面进行粗化，从而提高芯片的取光效率，因此，对 LED 芯片的建模还需进行修正。将实测数据与仿真数据进行归一化后进行对比，如图 5-29 所示。从图中可以发现，仿真数据与实测数据吻合较好，说明对量子点层及封装体的建模是准确的，可以用于指导量子点 LED 的封装设计。

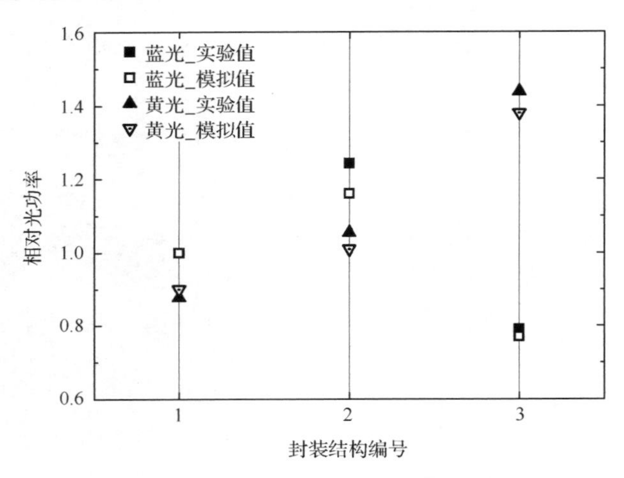

图 5-29　归一化处理后光功率的模拟值与实测值的对比

5.4　本章小结

本章提出了白光 LED 光学建模的理论与方法，从而指导实际封装中如何实现最优光谱。由于白光 LED 封装体的光学建模方法已经非常成熟，而目前对白光 LED 中荧光材料还缺乏一种精确的光学建模方法，因此本章主要以荧光材料为对象，提出其精确的光学建模理论与方法。

首先，搭建了双积分球测试系统，并验证了其测量荧光材料透射率、反射率和准直透射率的准确性；其次，利用反向倍加法建立了计算荧光材料基本光学参数的方法；随后，制备了量子点 PMMA 薄膜样品，验证了整个光学建模方法的准确性。由于本方法是基于实验测量，不受限于荧光材料的化学组成和浓度比例，是一种可以被白光 LED 封装领域广泛采用的方法。最后，基于以上量子点建模方法，对典型的量子点白光 LED 封装体进行了封装建模与分析。

量子点 LED 在不同的应用中封装结构差异较大，在进行量子点 LED 封装时，需要综合考虑封装结构带来的发光效率及光热稳定性差异。因此，对不同的量子点 LED 进行光学建模就显得尤为重要。基于此，本章利用获得的量子点光学参数，对典型的量子点 LED 封装进行建模，并对其光学性能进行仿真，最后设计实验对仿真结果进行验证与进一步分析。

仿真与实验结果均表明：

(1) 影响量子点 LED 中芯片的取光效率的主要因素是芯片周围填充层的情况，当填充层的折射率介于芯片与环境介质之间时，将有利于于芯片的出光；

(2) 影响量子点层自身发射光的能量大小的主要因素是入射蓝光在量子点层中走过的光程，当蓝光光程越大时，被量子点吸收并转化出的黄光也越大；

(3) 由于人眼对黄光的视觉函数值远大于黄光，对两种出光功率接近的封装体而言，当量子点发射黄光占总光功率比例越大时，封装体的光效越高；

从仿真与实验结果的对比可以看出，模拟得到的量子点层的光吸收与发射情况以及封装体的出光特性，与实验结果吻合较好，而 LED 芯片的取光效率仿真结果明显低于实验测试值，这与 LED 芯片在实际制备时加入的特殊工艺有关，在今后的研究中需对 LED 芯片的建模进行修正，使其与实测值较好地匹配。

第6章　高光学性能的白光LED封装优化

6.1　引　　言

前面5章已经介绍了如何通过光谱优化理论来获得最优化的白光LED光谱，以及如何通过先进封装理论和技术在实验中实现最优光谱。对于白光LED而言，除了发出最优化光谱之外，其光学效率和光学稳定性也是两个非常重要的指标。高光学效率主要指LED发出的光能量可以尽可能多地从封装体中出射，光能量的损失尽可能低；高光学稳定性主要是指LED封装体在长期工作过程中发光效率、色温和显色指数等关键参数不产生大的漂移，这主要通过控制LED工作温度和保护荧光材料不被水氧侵蚀来实现。

在本章中，首先将介绍高光学效率的白光LED封装和优化技术，其次将提出提高白光LED长期工作稳定性的封装方案，从而实现高光学性能的白光LED。

6.2　高光学效率的白光LED封装优化

6.2.1　白光LED封装次序对光热性能的影响研究

在3.2节中已经介绍过，由蓝光LED芯片、黄色荧光粉和红色量子点所组成的白光LED封装，在显色指数和生理作用因子调控方面具有突出的优势，并且也提出了利用介孔硅微球来解决量子点和荧光粉胶体的兼容性问题。如果利用更简单通用的封装方案，也可以使用除硅胶外的其他胶体作为基质，并将量子点胶体和荧光粉胶体分离来解决兼容性问题。比如使用PMMA作为量子点的基质，分别制备出荧光粉硅胶薄膜和量子点PMMA薄膜，随后以远离封装的形式与LED芯片组成白光器件[122,123]。在进行这种封装的过程中，需要考虑荧光粉薄膜和量子点薄膜之间的封装次序，如图6-1所示为两种不同的封装次序，结构1(图6-1(a))为先封装荧光粉薄膜，再封装量子点薄膜，结构2(图6-1(b))为先封装量子点薄膜，再封装荧光粉薄膜。两种不同的封装次序将会影响蓝光的传输、吸收和转化过程，进而影响能量转化效率和比例，最终导致不同的白光 LED 发光性能和发热情况。Woo 等[59]对比了这两种不同封装次序导致的荧光寿命的差别，为同领域研究者提供了重要的参考，然而对于两种不同封装次序导致的光能量损失并没有得到详细分析，并且也没有研究不同荧光粉或量子点浓度下的光学性能差异。

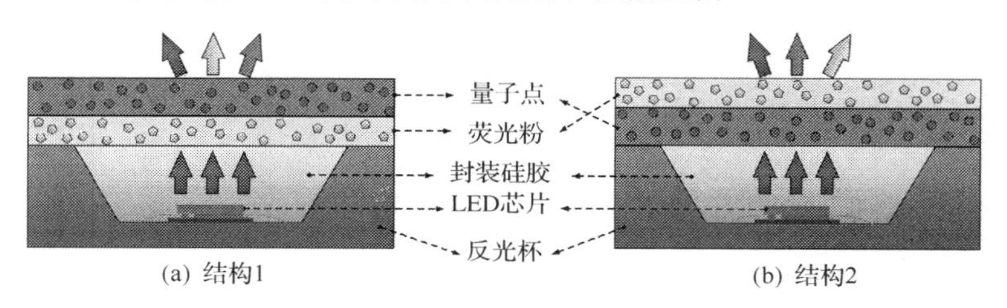

图 6-1　两种不同的白光 LED 封装次序

基于此，本书定量地对比了这两种不同封装次序所得到的白光 LED 光学和热学性能的差异，并分析了背后的光学机制[124]。首先，制备了 CdSe/ZnS 核壳结构量子点，并制备了一系列不同浓度的荧光粉薄膜和量子点薄膜，以及对应的白光 LED；随后，利用积分球测试了白光 LED 样品中各层的输出光能量和光能量损失；接着，将光能量损失转化为发热量，利用有限元方法，模拟得到两种不同结构的白光 LED 的稳态温度场；最后，利用红外热像仪测得白光 LED 工作时的真实表面温度场，与模拟结果进行对比。

对于发光峰值波长为 625nm 的 CdSe/ZnS 核壳结构量子点的合成和量子点 PMMA 薄膜的制备，依然采用 3.2 节所用的方法，在此不再赘述。在制备荧光粉硅胶薄膜时，首先将一定量的发光峰值波长为 555nm 的荧光粉与硅胶(OE-6550，A:B=1:1，购于道康宁)混合，充分搅拌后抽真空 30min 除去胶体气泡，随后将荧光粉胶体倒入圆形聚四氟乙烯模具中，并将整个模具放入 150℃加热箱中加热 1h，使胶体完全固化。对于制备白光 LED 样品，首先，将纯硅胶点涂在 2835 型贴片式封装的 LED 模块内腔体，随后，依次将荧光粉薄膜或量子点 PMMA 薄膜贴装上去，并放入 150℃加热箱中加热使硅胶固化。对于两种结构的白光 LED，每种浓度分别制备了 5 颗样品以使得结果更加可信。

在制备两种结构的白光 LED 样品过程中，利用积分球设备测试了 LED 芯片、荧光粉薄膜和量子点薄膜各自的光能量损失，进而得到三层材料在工作时的发热量。计算各层发热量的方法如下，其过程示意图如图 6-2 所示：

$$P_{\text{heat-chip}} = P_{\text{El}} - P_{\text{Op-ref}} \tag{6-1}$$

$$P_{\text{heat-phosphor}} = P_{\text{Op-ref}} - P_{\text{Op-1}} - \psi_{\text{phos}} \tag{6-2}$$

$$P_{\text{heat-QDs}} = P_{\text{Op-1}} - P_{\text{Op-2}} - \psi_{\text{QDs}} \tag{6-3}$$

式中，P_{El} 是输入整个 LED 模块的电功率；$P_{\text{Op-ref}}$ 是当只点涂透明硅胶时从 LED 模块出射的光功率；$P_{\text{Op-1}}$ 是封装荧光粉薄膜后从 LED 模块出射的光功率；$P_{\text{Op-2}}$ 是封装荧光粉薄膜和量子点薄膜后从 LED 模块出射的光功率；ψ_{phos} 是从荧光粉薄膜内部被荧光颗粒后向散射的光能量中，被反光杯吸收的部分能量损失，这部分光能量损失可以通过对荧光颗粒的吸收、散射和转化过程进行建模分析来得到[125,126]；ψ_{QDs} 是从量子点薄膜内部被荧光颗粒后向散射的光能量中，被反光杯和荧光粉吸收的部分能量损失。由于量子点的粒径非常小，其散射效应常被认为可忽略[127,128]，ψ_{QDs} 和 ψ_{phos} 在热建模中均未计入。反光杯内壁的发热量也由于太小而可以忽略。此外，在热建模中假设被相应材料吸收的光能量最终都转化为发热量，这也是常用的处理方法。

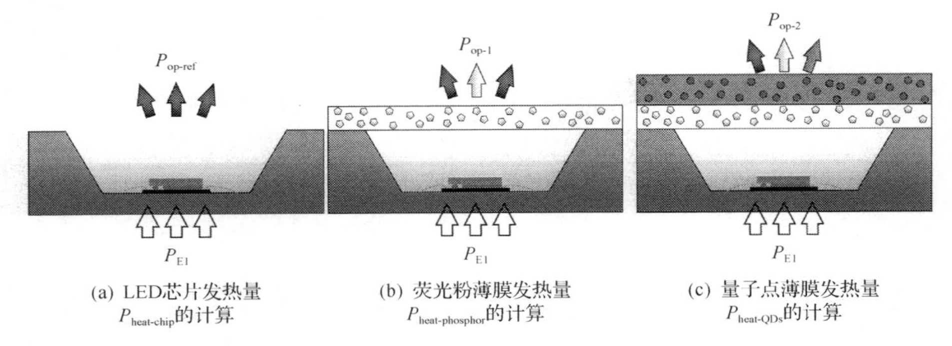

(a) LED芯片发热量 $P_{\text{heat-chip}}$的计算　(b) 荧光粉薄膜发热量 $P_{\text{heat-phosphor}}$的计算　(c) 量子点薄膜发热量 $P_{\text{heat-QDs}}$的计算

图 6-2　计算三层材料发热量的过程示意图

在热建模中，首先建立了两种不同封装次序的白光 LED 的三维模型，如图 6-3 所示。LED 模块贴装在一块金属基印刷电路板（metal-core printed circuit board, MCPCB）上，以实现电连接和良好的散热效果。表 6-1 列出了 LED 模块中各个材料的厚度及导热系数设定值，其中，量子点薄膜和荧光粉薄膜的导热系数是根据对应的荧光颗粒和胶体基质的质量比计算得到。

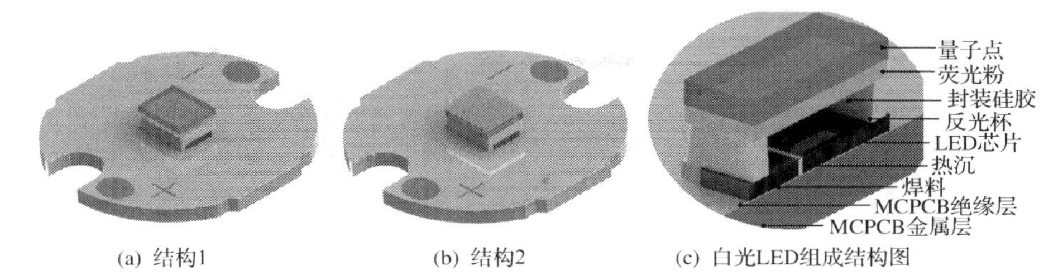

(a) 结构1　(b) 结构2　(c) 白光LED组成结构图

图 6-3　两种封装次序的白光 LED 的三维模型

表 6-1　白光 LED 模型中各层的厚度和导热系数设定

材料	厚度/mm	导热系数/(W/m·K)
MCPCB 金属层	0.98	170
MCPCB 绝缘层	0.02	0.2
焊料	0.05	5
热沉	0.3	170
LED 芯片	0.1	65.6
反光杯	0.8	0.36
封装硅胶	0.8	0.175
荧光粉层	0.3	0.18
量子点层	0.44	0.16

在进行有限元模拟时，LED 模块具有对称性，因此只取 LED 模块的一半进行模拟以简化计算量。LED 芯片、荧光粉薄膜和量子点薄膜的发热量也减半后输入到对应的材料中。模型边界条件的设置如下：环境温度固定为 24℃，MCPCB 底部的自然对流换热系数设置为 10W/(m^2·K)，其余表面的自然对流换热系数设置为 8W/(m^2·K)[129]。

如图 6-4 所示，为制备得到的荧光粉薄膜和量子点薄膜在日光下和紫外光照射下的实物照片。从图中可以看到，两种薄膜的均匀性和透明度均较好，测得荧光粉薄膜和量子点薄膜的厚度分别为 0.3mm 和 0.44mm。

(a) 荧光粉薄膜(左：日光；右：紫外光)

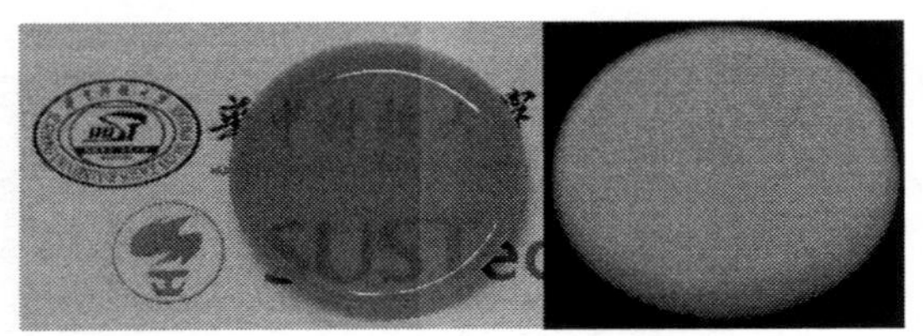

(b) 量子点薄膜(左：日光；右：紫外光)

图 6-4　荧光粉薄膜和量子点薄膜在日光下和紫外光照射下的实物照片

如图 6-5 所示，为积分球测量得到的在不同驱动电流下，两种封装结构的 LED 芯片、荧光粉薄膜和量子点薄膜的发热量变化曲线图。从(a)(b)两图中可以看到，LED 芯片的发热量要远大于量子点层和荧光粉层，说明 LED 模块中主要的能量损失还是来自于LED芯片内部的电流损失和非辐射跃迁等损失。从图 6-5(a)中可以看出，结构 1 中的荧光粉层和量子点层发热量比较接近，并且两者都随着驱动电流的增大而增大。例如，在 60mA 驱动下，LED 芯片、荧光粉层和量子点层的发热量分别为 81.14mW、20.15mW 和 14.82mW。而从 6-5(b)的结构 2 的发热情况与结构 1 有明显差异。虽然大部分的热量也是从 LED 芯片产生的，但量子点层的发热量明显大于荧光粉层。在 60mA 的驱动电流下，荧光粉层和量子点层的发热量分别为 8.7mW 和 41.04mW。并且随着驱动电流的增加，量子点发热量的增加速度明显比荧光粉快。

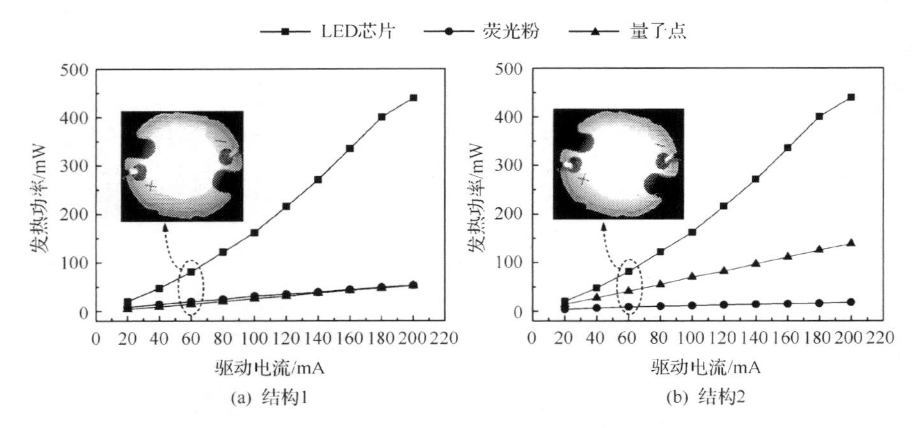

(a) 结构1　　(b) 结构2

图 6-5　LED 芯片、荧光粉薄膜和量子点薄膜在不同驱动电流下的发热量变化曲线

这两种封装结构导致的荧光粉层和量子点层发热量差异可以通过其光谱功率分布曲线来说明，如图 6-6 所示。在结构 1 中，蓝光从 LED 芯片中发射出来，首先入射到荧光粉层。在这个过程中，一部分蓝光被荧光粉颗粒吸收

并部分转化为黄光。例如，在 60mA 驱动电流下，70.6mW 的蓝光能量被荧光粉层吸收，转化出了 51.7mW 的黄光能量，这意味着，荧光粉将蓝光转化到黄光的光转换效率为 73.2%；随后，从荧光粉层透射的蓝光和转化出的黄光进入了量子点层。在这个过程中，部分的蓝光和黄光被量子点颗粒吸收，并部分转化为红光。最终蓝光，黄光和红光的混合体形成了色温为 3770K、显色指数 R_a=92、R_9=80、光效为 110mW 的白光 LED 模块。

而在结构 2 中，蓝光从 LED 芯片中反射出来，首先入射到量子点层。在这个过程中，62.8mW 的蓝光能量被量子点层吸收，转化出了 30.5mW 的红光能量，意味着，量子点将蓝光转化成红光的光转换效率是 48.6%。量子点层光转化效率相对低于荧光粉层，因此这个过程中结构 2 比结构 1 产生了更多的热量。随后，透射的蓝光和转化出的红光入射到荧光粉层。在这个过程中，只有部分的蓝光可以被荧光粉层吸收并部分转化为黄光，红光无法被荧光粉层吸收，因为红色量子点的发光波长超出了黄色荧光粉的吸收谱范围。因此，在结构 2 的光谱中有非常强的红光，但只有少数的蓝光和黄光，最终得到的 LED 色温为 2185K，显色指数 R_a=57，R_9=24，光效为 68lm/W。

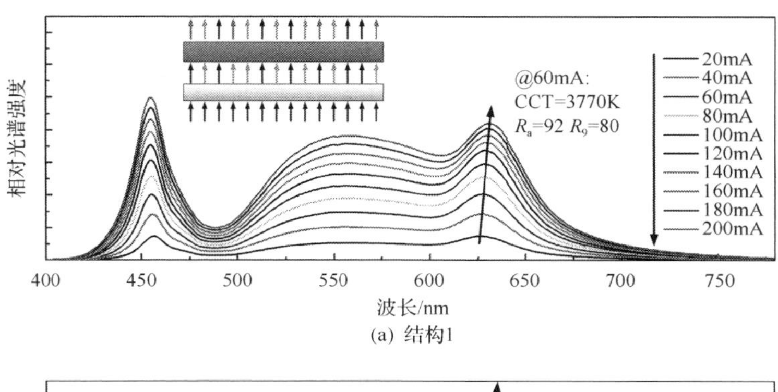

(a) 结构1

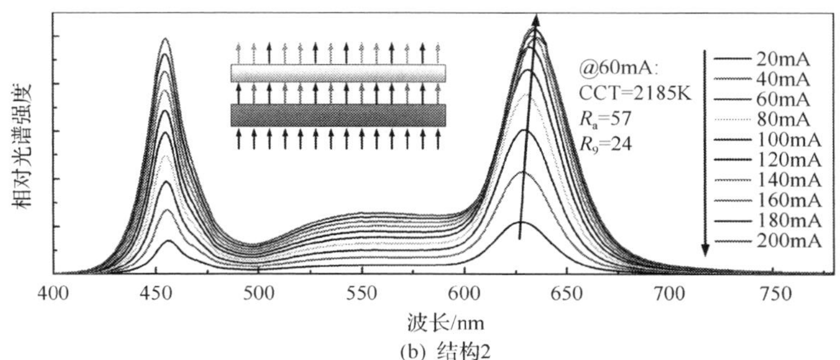

(b) 结构2

图 6-6　对应的白光 LED 在不同驱动电流下的光谱功率曲线

如图 6-7 所示，为通过有限元方法模拟得到的白光 LED 在 20mA 和 60mA 驱动下的稳态温度场。可以发现，两种 LED 模块的最高温度均出现在最顶层，也就是说，膜的温度明显高于 LED 芯片的温度。导致这个温度分布的主要原因，是荧光粉胶和量子点薄膜的胶体基质层导热系数太低，并且两个膜层都离 MCPCB 散热基板较远，产生的热量难以及时导出，最终温度升高。此外，结构 2 中的最高工作温度要高于结构 1，并且两者的最高温度差随着驱动电流的增加而增大。例如，在 20mA 驱动下，结构 2 的最高温度比结构 1 高 2.7℃，而在 60mA 驱动下，结构 2 的最高温度比结构 1 高 9.3℃。

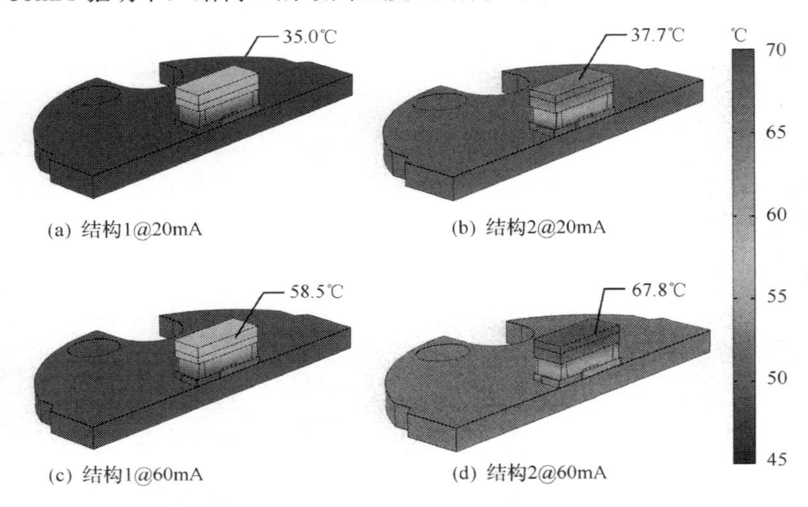

图 6-7　两种结构的白光 LED 在不同电流驱动下的稳态温度场

为了验证模拟温度场的准确性，这里也利用红外热像仪(FLUKE Ti 10)拍摄了两种白光 LED 的稳态表面温度分布。拍摄时，荧光粉层和量子点层的表面发射率分别设置为 0.96 和 0.92[130,131]，红外镜头与 LED 模块的距离设置为 0.5m。如图 6-8 所示，为实验拍摄的两种白光 LED 模块的稳态表面温度场。从结果中可以看到，模拟的温度场与实验测得的温度场吻合良好，两者的最大相对误差不超过 2.8%。因此，通过实验，也证实了结构 2 中的最高工作温度确实高于结构 1，并且在实验测试结果中，60mA 驱动下两者的温度差达到 12.3℃。结构 1 与结构 2 的 LED 模块有着非常接近的导热系数分布，因此结构 2 温度更高的主要原因是其发热量更大，即光能量损失更多。

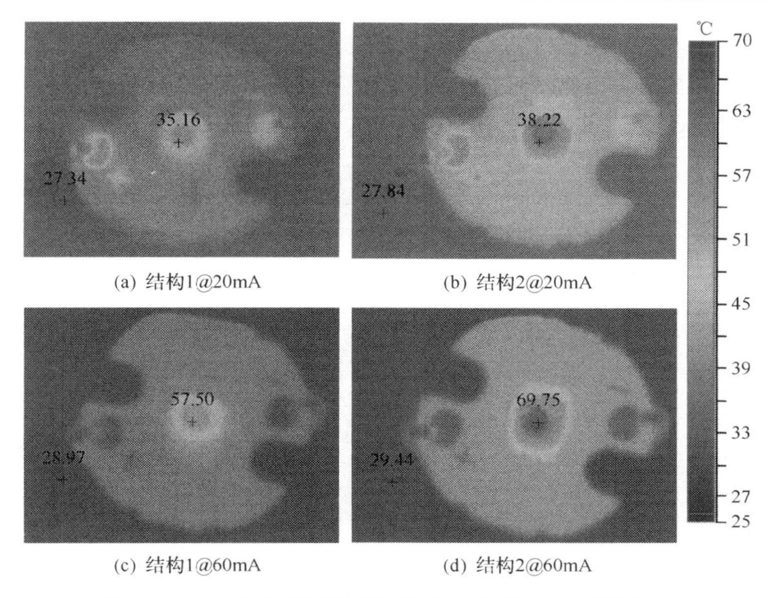

(a) 结构1@20mA　(b) 结构2@20mA

(c) 结构1@60mA　(d) 结构2@60mA

图 6-8　红外热像仪测得两种结构的白光 LED 不同电流驱动下的稳态表面温度场

为了进一步地分析结构 1 与结构 2 的光学性能差异，我们制备了三种不同量子点浓度的量子点薄膜，并封装了对应的两种结构的白光 LED 模块。这三种不同浓度的量子点薄膜中量子点的添加量分别为 15mg、10mg 和 5mg(加入到 10ml PMMA 溶液中)。这三种白光 LED 模块也对应地编号为 S2、S3、S4，上面讨论过的 LED 模块则编号为 S1。

如图 6-9 所示，为测得的 S2～S4 三种白光 LED 模块在 60 mA 驱动下的光谱功率分布曲线和光学性能参数。从图中可以发现，随着量子点浓度的减小，结构 1 的显色指数相应地降低，而结构 2 中显色指数没有明显变化。这主要是因为在结构 1 中量子点层是位于顶层，量子点浓度的变化主要是改变了红光光谱部分的能量，所以显色指数受到较明显的影响；而在结构 2 中，量子点位于底层，其浓度的变化会同时改变红光和黄光的光谱能量比例，因此引起的显色指数变化规律不明显。这也说明了结构 1 可以更方便地调节白光 LED 的显色指数，而结构 2 的显色指数要比结构 1 更稳定。此外，当量子点浓度降低时，两种结构的色温和光效均升高，并且结构 1 的能量效率仍然要高于结构 2。

如图 6-10 所示，为测得的 S2～S4 这六个 LED 模块在 60 mA 驱动下的稳态表面温度场。同样可以看到，在不同的量子点浓度情况下，结构 2 的最高温度仍要高于结构 1。当量子点浓度降低时，相应的 LED 模块最高工作温度也降低。这说明量子点浓度越高，引起的光能量损失也越大。例如，S2 中结构 2 的最高工作温度比结构 1 高出 6.7℃，而在 S4 中仅高出 2.9℃。可以推测出，当量子点浓度为零时，结构 1 与结构 2 应当具有相同稳态温度场。

综合以上结构，在封装白光 LED 模块时，采用先封装荧光粉层，再封装量子点层的封装次序可以取得更高的光效，并且可以维持 LED 模块在更低的工作温度下，这将有利于白光 LED 的长期稳定工作。

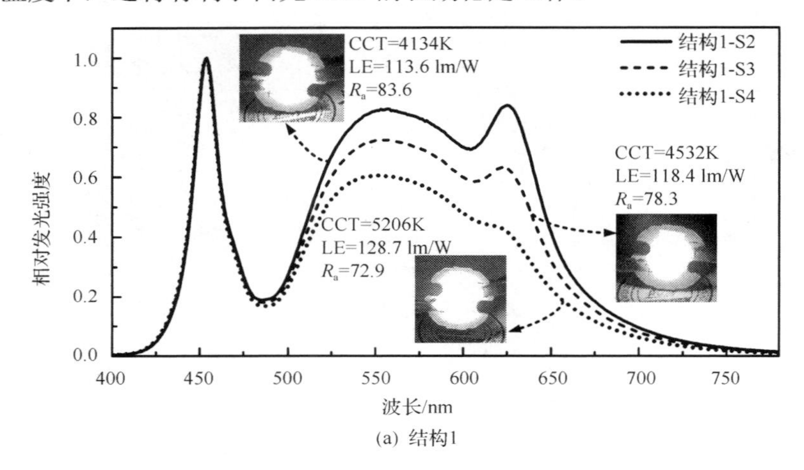

(a) 结构1

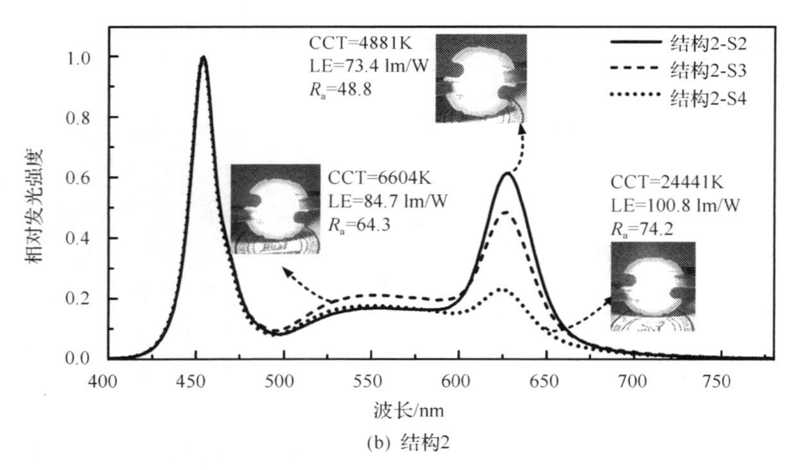

(b) 结构2

图 6-9　S2～S4 六颗白光 LED 模块在 60 mA 驱动下的光谱功率分布曲线和光学性能参数

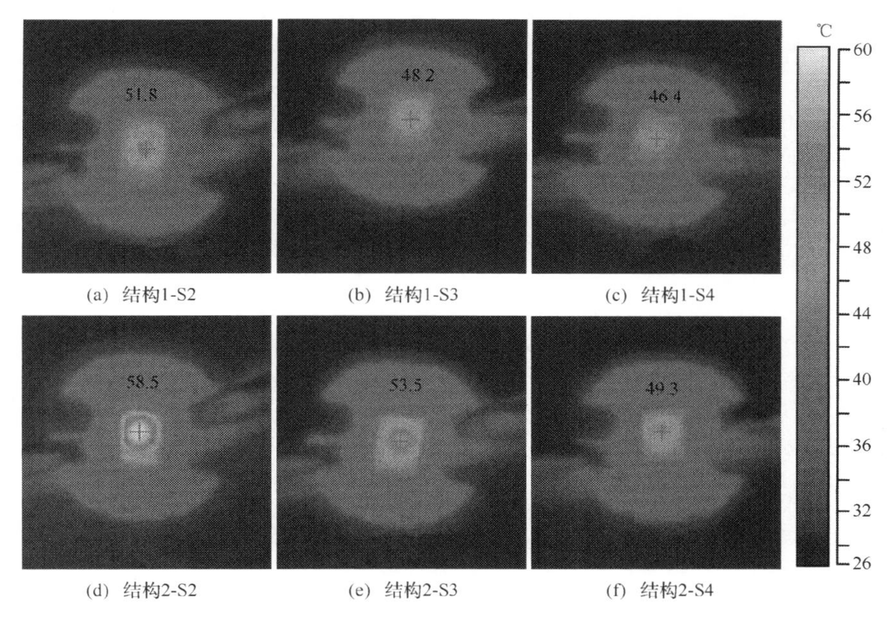

(a) 结构1-S2　(b) 结构1-S3　(c) 结构1-S4

(d) 结构2-S2　(e) 结构2-S3　(f) 结构2-S4

图 6-10　红外热像仪测得 S2～S4 六颗白光 LED 模块 60mA 驱动下的稳态表面温度场

6.2.2　白光 LED 封装结构对光热性能的影响研究

上一节中得出的结论是，对于同样的两层荧光粉薄膜和量子点薄膜，当采用先封装荧光粉薄膜，再封装量子点薄膜的次序时，所得到的白光 LED 可以取得更好的光学和热学性能。但也可以发现，两种不同的封装次序得到的白光 LED，具有不同的光谱功率分布。当得到具有相同光谱功率分布的白光 LED 时，哪一种封装结构是更优化的，这其实是封装行业更加关心的问题，LED 的最终性能高低才是衡量封装技术好坏的标准。因此，在本节中，将继续研究结构 1(即荧光粉层在下、量子点在上的结构)和结构 2(即量子点在下、荧光粉在上的结构)在达到相同的光谱功率分布时，两者的发光效率差异，进而得到高光效的白光 LED 封装结构[132]。

两种白光 LED 模块采用的封装材料和封装方法与上一节类似，唯一的区别在于，上一节中，在两种结构中的荧光粉膜或量子点膜浓度是相同的，只是封装次序不同；而在本节中，两种结构中的荧光粉膜浓度是相同的，但量子点膜浓度不一样，通过调节两种结构中的量子点浓度，实现同样的光谱功率分布。在封装好两种白光 LED 模块后，同样测量其光学性能和光能量损失，并进行有限元热模拟和红外热像仪测试，具体方法和步骤与上一节相同，在此不再赘述。

如图 6-11 所示，为得到的两种白光 LED 模块在 60mA 驱动电流下的光谱功率分布曲线。可以看到，两种白光 LED 具有基本相同的光谱功率曲线。结构 1 的色温为 3867K，光效为 112.2lm/W，显色指数为 CRI=87.3，R_9=60；结构 2 的色温为 3796K，光效为 101.4lm/W，显色指数为 CRI=85.5，R_9=50。在达到相同的光谱功率分布曲线时，结构 1 的光效比结构 2 高出 10%。

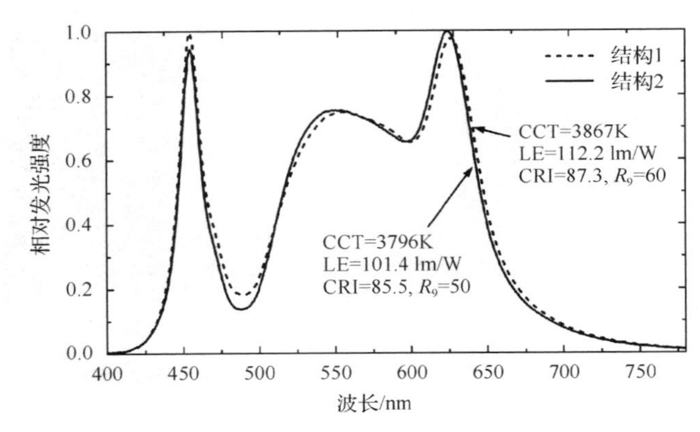

图 6-11　两种白光 LED 模块在 60mA 驱动电流下的光谱功率分布曲线

导致两种封装结构光效差异的原因，可以从两种结构内部的光传输和转化过程来分析。如图 6-12 所示为测量得到的 LED 芯片、荧光粉层和量子点层在不同驱动电流下的发热量。可以看到，与上一节的曲线相似，LED 芯片的发热量总是明显大于荧光粉层和量子点层。在结构 1 中，荧光粉层的发热量要小于量子点层的发热量。比如，在 60mA 驱动下，荧光粉层和量子点层的发热量分别为 9.78mW 和 15.45mW。而在结构 2 中，荧光粉层和量子点层的发热量比较接近。比如，在 60mA 驱动下，荧光粉层和量子点层的发热量分别为 14.99mW 和 15.59mW。因此，结构 2 中的荧光粉层比结构 1 的荧光粉层产生了更多的能量损失。

导致结构 2 光能量损失的光学机制，可以通过荧光粉和量子点不同的散射机制来解释。荧光粉的平均粒径在 16μm 左右，因此荧光粉的散射属于米氏散射(Mie scattering)，其散射空间分布是各向同性的，即各向异性系数接近于 0[130]；而由于量子点的粒径为 6.8nm，其散射属于瑞利散射(Rayleigh scattering)，根据本书第 4 章的测量结果，其散射空间分布是各向异性的，各向异性系数接近于 0.6；因此，根据 Henyey-Greenstein 散射相函数的定义，有

$$p(v)=\frac{1}{4\pi}\cdot\frac{1-g^2}{(1+g^2-2gv)^{3/2}} \tag{6-4}$$

式中 v 是散射角的余弦；g 是各向异性系数。当光能量被荧光粉颗粒散射后，约有 50%的光能量会被前向散射，50%被后向散射。当光能量被量子点颗粒散射后，有 87.6%的光能量会被前向散射，12.4%会被后向散射。因此，在结构 2 中，大部分光线被顶部的荧光粉膜后向散射又回到反光杯腔体内，导致了更多的光能量损失。

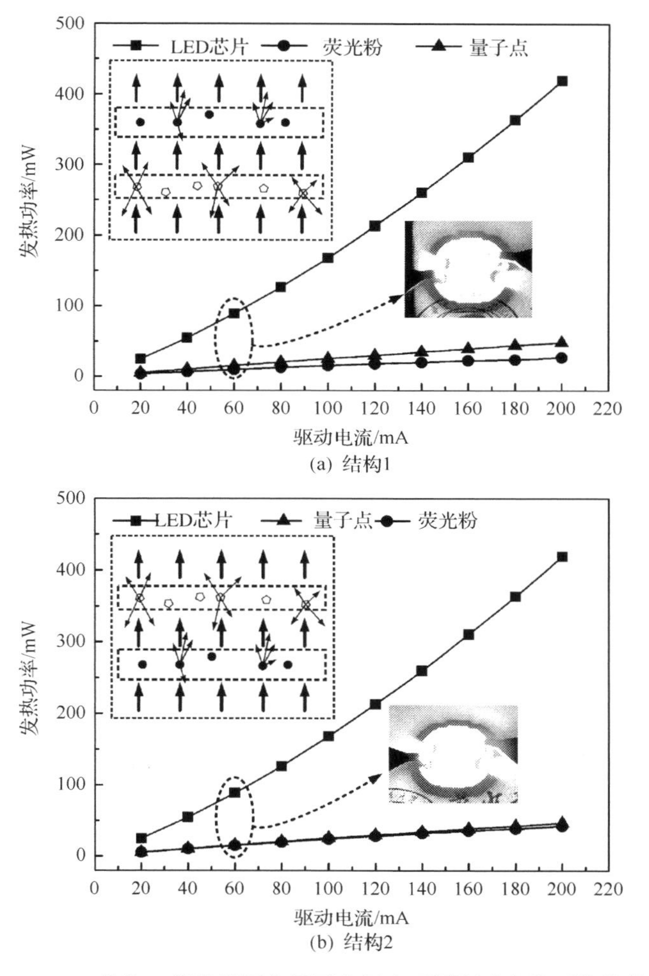

图 6-12　LED 芯片、荧光粉层和量子点层在不同驱动电流下的发热功率

插图为两种 LED 模块在 60 mA 下点亮的照片，以及对应的出光示意图

为探究两种不同结构所导致的工作温度差异，利用上一节的模拟方法，得到了两种白光 LED 的稳态温度场，如图 6-13 所示。同样的，两种白光 LED 模块的最高工作温度依然在最顶部的膜层。结构 2 的最高温度高于结构 1，

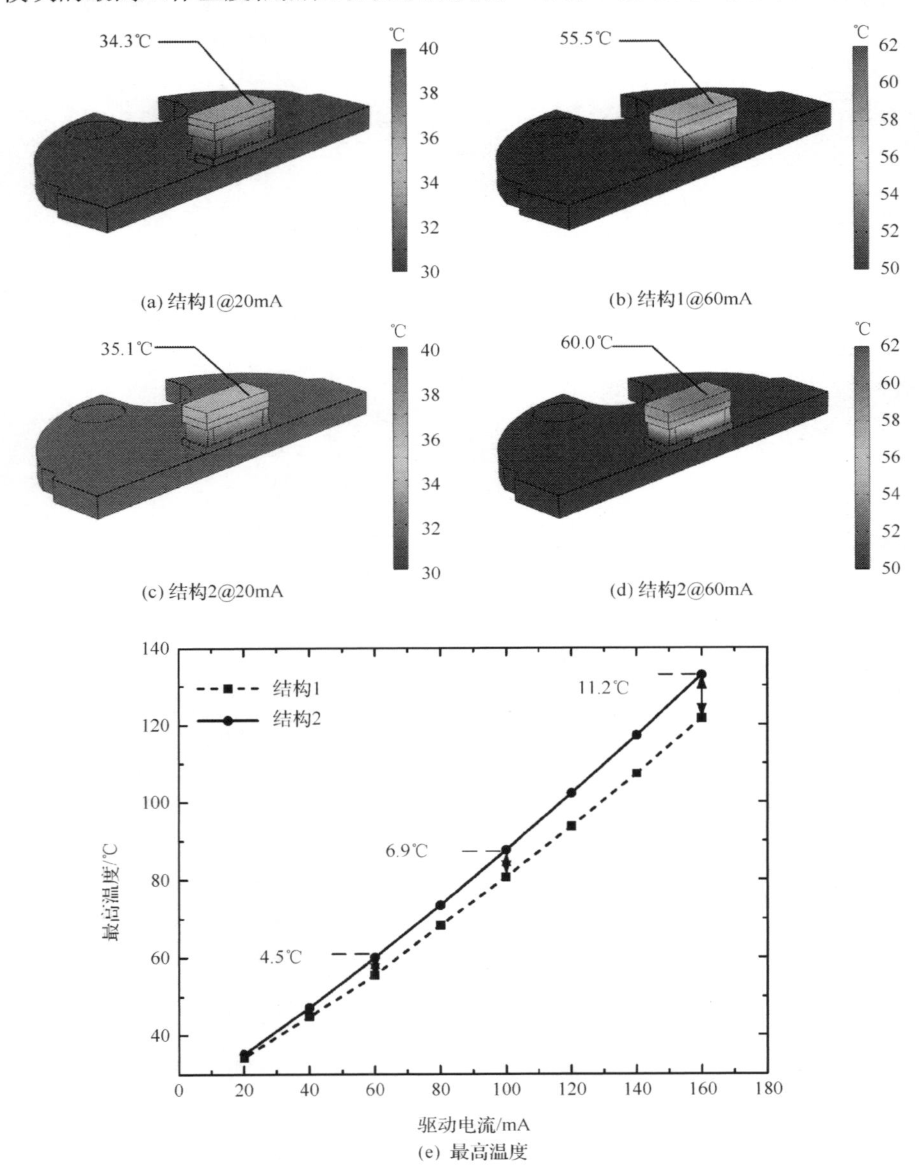

图 6-13　模拟得到的两种结构的白光 LED 在不同电流驱动下的稳态温度场

并且驱动电流越大温差越明显。图6-13(a)为两种白光LED模块的最高温差之差随驱动电流的变化曲线。在60mA驱动下，结构1的最高温度比结构2高4.5℃，在100mA和160mA驱动时，两者温差分别增加到6.9℃和11.2℃。

为了验证模拟的准确性，利用红外热像仪拍摄了两种白光LED的稳态温度场，如图6-14所示。可以看到模拟的温度分布与实验吻合良好，最高温度的相对误差小于7.1%。因此，模拟和实验的温度场均说明结构1的器件工作温度低于结构2。综合上述结果，可以得出结论，荧光粉层在下，量子点层在上的封装结构也可以获得更高的光效，并且取得更低的器件工作温度，是一种更优化的封装结构。

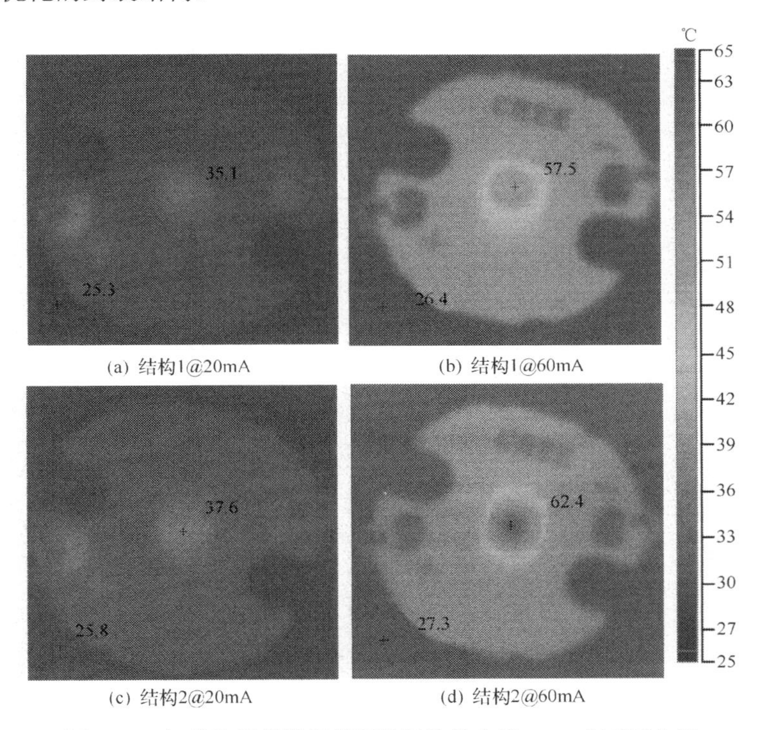

图6-14　红外热像仪拍摄的两种结构的白光LED在不同电流驱动下的稳态温度场

6.2.3　提高量子点薄膜光转化效率的封装优化

在前两节中，通过模拟和实验手段，验证了荧光粉层在下，量子点层在上的封装结构可以取得更高的发光效率和更低的工作温度。单独研究量子点层的光传输和转化特性可以发现，由于量子点颗粒对入射光的散射主要是前向散射，大部分的光能量被量子点散射后都朝着原有的传播方向继续出射，或偏离原有传播方向的角度较小。由于量子点的颗粒尺寸极小，这个散射特性将对封装带来新的问题，即大部分蓝光入射到量子点层后，在量子点层内部的光学路径太短，大部分蓝光都沿着原传播方向出射，导致转化出来的红光能量不足，这个问题在量子点浓度低时尤为明显，从图 6-9 的光谱图中即可发现这一点。虽然增加量子点用量可以有效解决这个问题，但是会使量子点团聚现象变严重，对于封装来说是不够优化的方法。

为了使量子点膜的散射特性可以变得更加均匀，一个很容易想到的方法就是往量子点膜中掺入微米级的散射颗粒，从而增强量子点膜的散射，使入射光在量子点膜中的光学路径增加，最终使入射光更多地转化为量子点发射光。如 Lan 等通过将二氧化锆(ZrO_2)添加到荧光粉胶体中，可以将白光 LED 的发光效率提高 19.8%[133]；Zhuo 等通过将微米级二氧化钛(TiO_2)添加到远程荧光粉薄膜中，LED 光效提高了 8.15%[134]；Zhu 等通过将二氧化硅(SiO_2)颗粒添加到量子点薄膜中，将量子点薄膜的光转换效率提高 103.88% [135]；以上研究都为封装领域同行提供了重要的参考，然而，关于散射颗粒的加入会如何影响量子点薄膜的微观光学参数如吸收、散射和各向异性系数，以及如何预测散射颗粒的最佳掺入量，上述研究并没有给出指导。

基于此，本节将通过双积分球测试系统，研究微米级二氧化硅颗粒掺入到量子点薄膜后对其吸收系数、散射系数和各向异性系数的影响机制[136]，为封装提供指导。

在量子点/二氧化硅薄膜的制备中，依然采用 PMMA 作为薄膜的基质材料。在前面的研究中，量子点 PMMA 薄膜主要是通过 MMA 的原位聚合法来制备。在本研究中，需要掺入微米级的二氧化硅颗粒，如果还是采用原位聚合法，则由于其耗时较长(40h)，二氧化硅颗粒会由于重力作用而沉淀在薄膜底部，造成混合不均匀的现象，因此，这里的量子点/二氧化硅薄膜制备方法采用溶剂自然挥发法。

首先，将固态的 PMMA 颗粒(阿拉丁试剂)和有机溶剂氯仿(chloroform)按照质量比 1∶3 混合，并通过磁力搅拌，将 PMMA 完全溶解在氯仿中，形成无色透明的 PMMA 胶体溶液。随后，取 0.5mg CdSe/ZnS 量子点和 2ml PMMA 胶体溶液，及一定质量的二氧化硅颗粒(阿拉丁试剂，平均粒径 10 μm)在 10 ml 离心管中混合，并磁力搅拌 3h 使三者混合均匀；接着将混合胶体溶液超声处理 30min 以去除溶液中的气泡；最终，将混合胶体溶液导入定制的聚四氟乙烯模具中，在室温无风环境下静置 12h，等待氯仿溶剂完全挥发后即可得到固态的量子点/二氧化硅薄膜。实验中通过添加质量分数分别为 0%、2%、6%、10%、20%和 50%的二氧化硅颗粒，得到了具有不同散射特性的量子点/二氧化硅薄膜。所有的薄膜厚度均控制在 0.22±0.03mm。制备好的量子点/二氧化硅薄膜如图 6-15 所示。

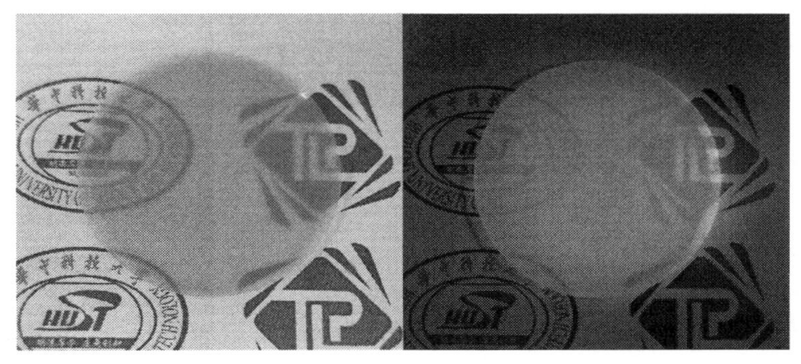

(a) 日光照射下　　(b) 紫外光照射下

图 6-15　制备的量子点/二氧化硅薄膜在日光和紫外光照射下的实物图

在量子点/二氧化硅薄膜制备完成后，利用双积分球测试系统测量得到了不同浓度的薄膜的反射率、透射率和准直透射率，如图 6-16 所示。从结果中可以看到，当二氧化硅颗粒的质量分数从 0 逐渐增加到 50%的过程中，量子点/二氧化硅薄膜对入射蓝光的反射率和透射率都逐渐增加，而准直透射率逐渐减小。定义薄膜将所吸收的蓝光转化为红光的比例为光转换效率，则可以计算出，在二氧化硅颗粒的质量分数从 0 逐渐增加到 20%的过程中，光转换效率都是逐渐增加的。当掺入二氧化硅质量分数为 20%时，可将光转换效率从 6.77%提高到 23.68%，光转换效率提升了 249%；因此，向量子点薄膜中掺入微米级的二氧化硅颗粒，确实可以显著提高量子点薄膜的光转化效率。当二氧化硅颗粒的质量分数从 20%逐渐增加到 50%时，光转换效率开始出现饱和，并发生了降低。因此，测量结果表明二氧化硅的最佳掺入比例应该在 20%左右，超过这个掺入比例并不能大幅度地提高光转化效率，反而可能是转化效率降低。

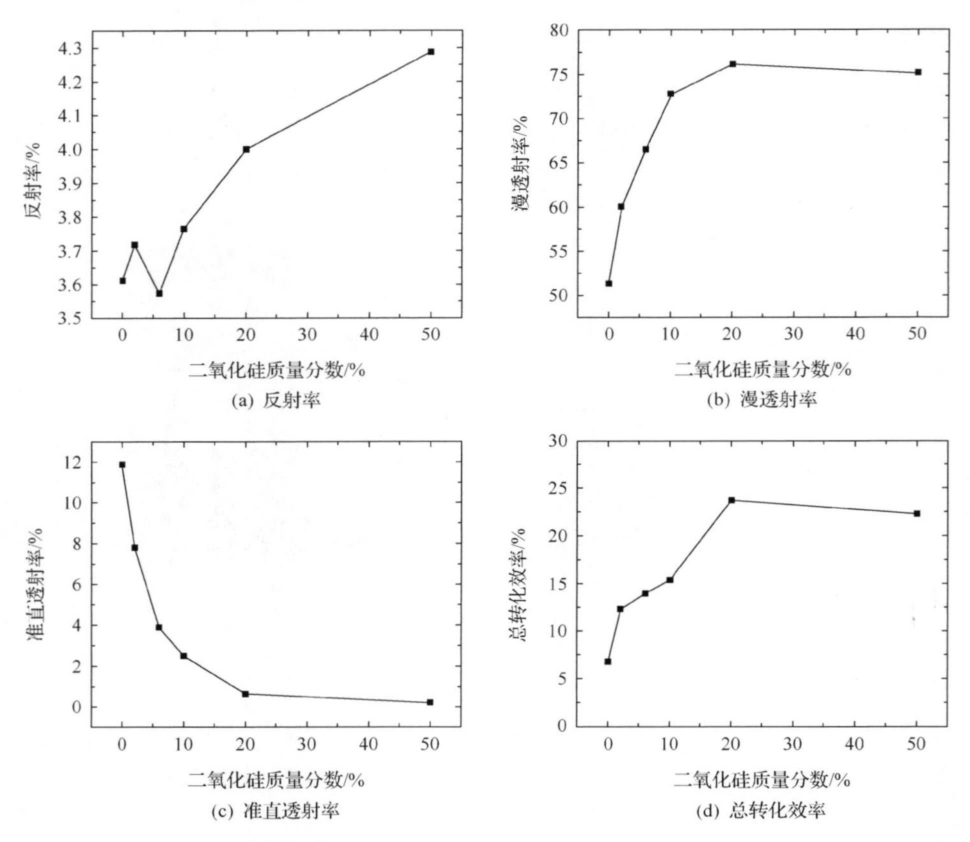

图 6-16　双积分球测试系统测试得到的不同浓度的量子点/二氧化硅薄膜的光学特性曲线

为了解释二氧化硅颗粒的掺入对量子点薄膜光转换效率的影响机制，这里利用反向倍加法(详细步骤参见本书第 5 章)计算出掺入不同质量分数二氧化硅颗粒时，量子点薄膜的散射系数、吸收系数和各向异性系数的变化情况，如图 6-17 所示。计算结果显示，吸收系数首先增大，随后一直减小，这主要是由于二氧化硅颗粒浓度增加过程中，光能量在量子点薄膜内部被更多地散射，有更大的几率撞击到量子点颗粒而被吸收。随着二氧化硅颗粒浓度继续增加，过多的二氧化硅颗粒会阻挡原本将要撞击量子点颗粒的光能量，从而导致吸收系数逐渐减小。

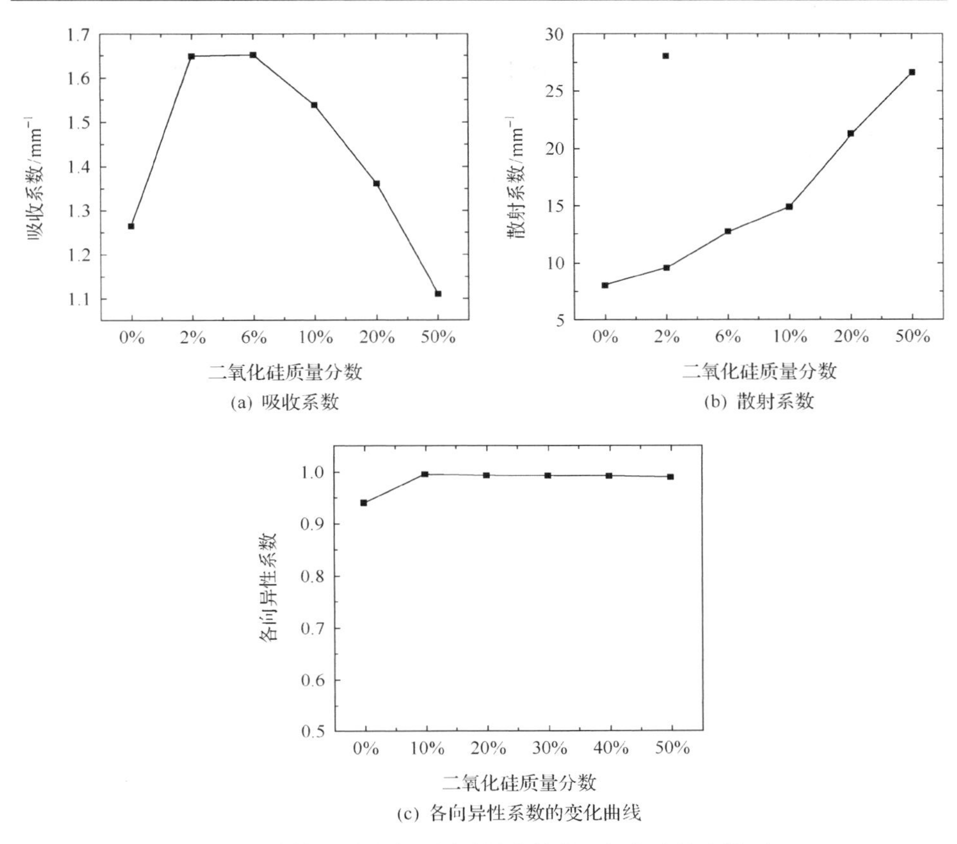

(a) 吸收系数

(b) 散射系数

(c) 各向异性系数的变化曲线

图 6-17　计算得到的在不同质量分数的二氧化硅掺入量下，量子点/二氧化硅薄膜的光学特性

但也应该注意，吸收系数的绝对数值变化较小(最大值 $1.65mm^{-1}$，最小值 $1.10mm^{-1}$)，因此二氧化硅的掺入对量子点薄膜的吸收系数没有太大的影响。而散射系数一直随着二氧化硅颗粒浓度的增加而增加，并且散射系数的绝对数值也明显地增加了(从最初的 $6mm^{-1}$ 增加到 $26mm^{-1}$)。这说明量子点薄膜的散射效应是随着二氧化硅浓度的增强而一直增强的，与实验最初的预期也是一致的。而在计算结果中，各向异性系数的变化较小，且数值都接近于1。这与第 5 章的结论差异较大。主要原因可能是制备的量子点/二氧化硅薄膜太薄，导致很大部分光能量直接透过薄膜进入到了准直透射积分球内，使得计算结果偏大。如图 6-18 所示，画出了二氧化硅掺入过程中量子点薄膜对入射光的作用变化的原理图。

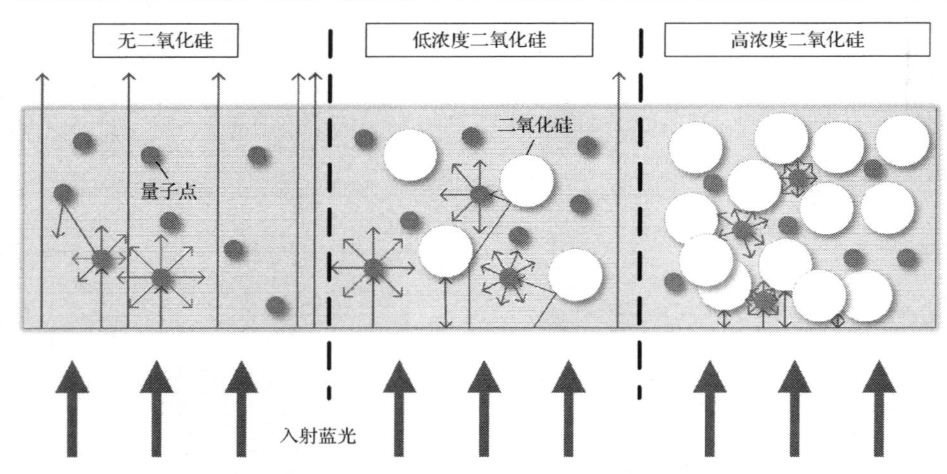

图 6-18　不同的二氧化硅掺入量对量子点薄膜出光性能的影响机制原理图

6.3　高光学稳定性的白光 LED 封装优化

在本章引言中已经介绍过，对于白光 LED 而言，其光学效率和光学稳定性是两个非常重要的指标。在上一节中通过优化封装结构可以实现更高效率的白光 LED，在本节中，将介绍如何通过先进封装手段来保证白光 LED 的长期稳定工作。

对于由蓝光 LED 芯片、黄色荧光粉和红色量子点所构成的白光 LED，其长期工作稳定性主要取决于最不稳定的部分量子点。在 3.2 节中也介绍过，除了量子点与硅胶的兼容性问题之外，量子点还存在着自身易团聚导致荧光猝灭的问题。此外，小分子水氧侵入量子点后也会导致量子点的发光衰减严重。针对量子点的这些稳定性问题，学者们也提出了解决方案，如对量子点的表面配体进行改性[137,138]，将量子点嵌入介孔材料中，或者在量子点外部增加保护层[139,140]。其中，在量子点表面包裹硅氧烷(silica)的方法已经被多次证明可以有效提高量子点的阻水阻氧能力[141-143]，并且硅氧烷与硅胶的兼容性很好，因此将量子点/硅氧烷颗粒与荧光粉胶体混合后，混合物的光稳定性可以得到显著提高。但目前的研究仅仅从材料自身的角度出发来提高量子点稳定性，却并未考虑结合封装技术以实现更加稳定的白光 LED 器件。

因此，本节将从封装技术优化的角度，提出新的封装结构来讲量子点/硅氧烷颗粒封装到 LED 模块中，进一步地提高白光 LED 的光学稳定性。

如图 6-19(a)所示，为传统的白光 LED 封装结构示意图，量子点/硅氧烷颗粒与荧光粉硅胶均匀混合后，点涂在 LED 芯片上方，胶体固化后得到固态的白光 LED。在这种传统的混合式封装结构中，量子点/硅氧烷颗粒是与荧光粉颗粒均匀地分布在硅胶基质中，因此荧光粉发射出的黄光会被量子点重新吸收，而量子点发射出的红光也会被荧光粉吸收，造成明显的重吸收损失，降低总体的出光效率。

基于这个缺陷，本节提出了一种新的分离式封装结构，如图 6-19(b)所示。在分离式封装结构里，量子点/硅氧烷颗粒直接点涂在 LED 芯片表面，随后，再将荧光粉胶体点涂在量子点/硅氧烷颗粒上方，固化后得到固态的白光 LED。采用这种分离式封装结构的优势有两点：一是可以有效地避免量子点和荧光粉发射光之间的重吸收，提高总体出光效率；二是量子点颗粒更加靠近 LED 芯片和热沉，因此量子点产生的热量可以更快地通过热沉导出，从而有效地降低器件工作温度。为了验证这两点优势，本节首先封装了两种结构的白光 LED，随后测试了其光学和热学性能，并对其机理进行了分析。

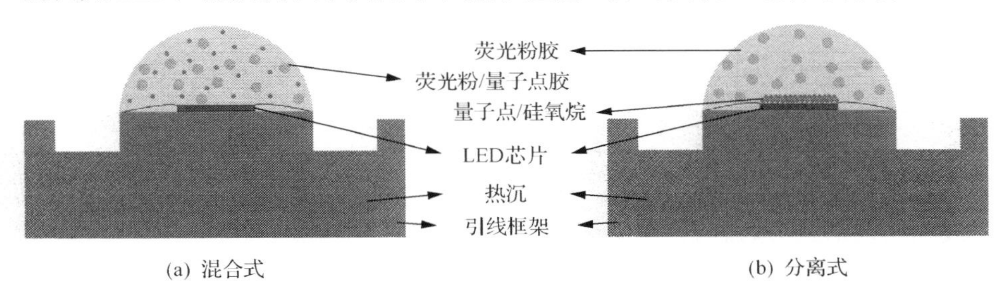

图 6-19　封装结构示意图

首先，量子点材料和荧光粉材料依然采用上一节中的方法得到，在此不再重复。对于量子点/硅氧烷颗粒，采用反相微乳液法来制备得到。如图 6-20 所示，为制备量子点/硅氧烷的反应过程示意图。首先，将 25ml 环己烷溶剂与 3g IGEPAL CO-520(表面活性剂，sigma 试剂)在室温下均匀混合；随后向混合溶液中加入 0.5ml 量子点溶液(含有约 0.5mg 量子点颗粒)，再向混合溶液中加入 0.5ml(9mmol)聚硅酸四乙酯(tetraethyl orthosilicate, TEOS)作为硅氧烷的前驱体。接着，以 0.2ml/min 的速度，逐滴地向混合溶液中加入 0.5ml 质量浓度为 20%的氨水溶液，作为反应开始的引发剂。将混合溶液在常温下磁力搅拌 40h，在这个过程中，聚硅酸四乙酯将逐渐水解，并在量子点的表面生长一层纳米级厚度的硅氧烷。反应结束后，将混合溶液提取出来，加入甲醇后离心，再用环己烷和正己烷清洗三次，最终将得到的量子点/硅氧烷颗粒溶解在甲醇溶液中备用。

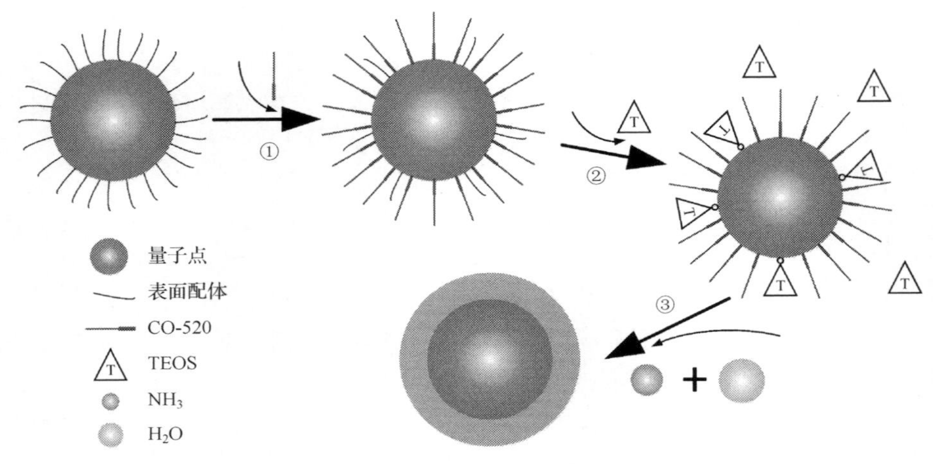

图 6-20　制备量子点/硅氧烷的反相微乳液法过程示意图

制备分离式封装结构的白光 LED 的步骤如下：首先，将量子点/硅氧烷的甲醇溶液滴在 LED 芯片上，在 70℃下加热 10min 使甲醇完全挥发，此时量子点/硅氧烷颗粒紧密地排布在 LED 芯片表面；随后将荧光粉颗粒与硅胶混合后，抽真空去除气泡，在点涂在 LED 芯片和量子点/硅氧烷颗粒上方，最后将整个 LED 模块放在 150℃烘箱中加热 1h，使胶体完全固化，得到固态的白光 LED 器件。对于传统混合式结构的白光 LED 封装，首先将量子点/硅氧烷的甲醇溶液与荧光粉硅胶均匀混合，再通过加热处理将甲醇溶剂完全蒸干，随后将混合胶体点涂在 LED 芯片表面，加热使胶体固化即可得到固态的白光 LED 器件。

如图 6-21 所示，为高分辨透射电子显微镜拍摄到的量子点颗粒和量子点/硅氧烷颗粒的照片。从图中可以测量得到，量子点颗粒的平均粒径约为 6.4nm，而包裹硅氧烷后粒径增大到 32nm，这说明硅氧烷的包裹厚度约为 12.8nm。此外，从包裹情况来看，基本实现了单包覆的效果，仅有少数的硅氧烷球体里面有多个量子点颗粒，或者没有量子点颗粒，包裹厚度和均匀性都比较理想。

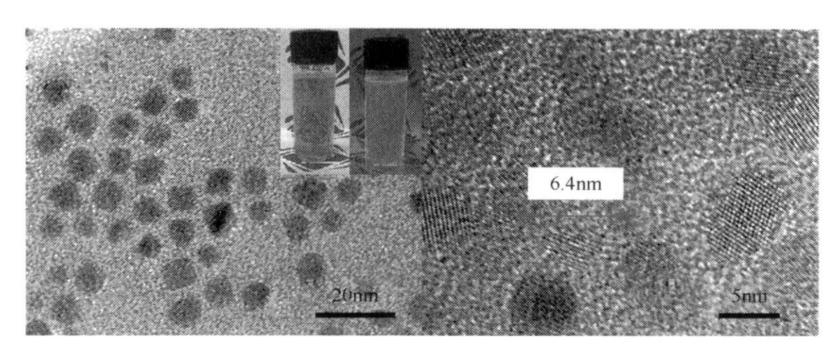

(a) 量子点颗粒

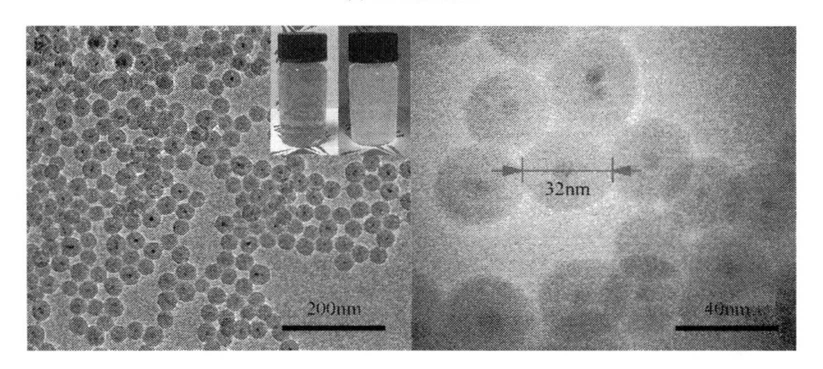

(b) 量子点/硅氧烷颗粒

图 6-21　高分辨率透射电子显微镜照片

在得到量子点/硅氧烷颗粒后，为了验证其对量子点光学稳定性的提高效果，将量子点溶液和量子点/硅氧烷溶液分别点涂在两个 LED 芯片上方，并将溶剂挥干，从而分别将量子点颗粒和量子点/硅氧烷颗粒附着在 LED 芯片上，最后在上方点涂透明的封装硅胶，固化后得到了对应的两种 LED 样品。将两种 LED 样品放入高温高湿(85℃，85%相对湿度)加速老化测试箱中测试了 168h，每隔 24h 记录一次样品的红光光谱的相对光谱强度，测试结果如图 6-22 所示。从结果中可以看到，当经历了 168h 的加速老化后，量子点/硅氧烷的红光光谱强度仍保留有 87%，而量子点的红光光谱强度仅保留了 20%，其余 80%都由于温度和湿度的作用而发生了猝灭。因此，加速老化的结果验证了包裹硅氧烷后的量子点的稳定性得到了显著的提高。

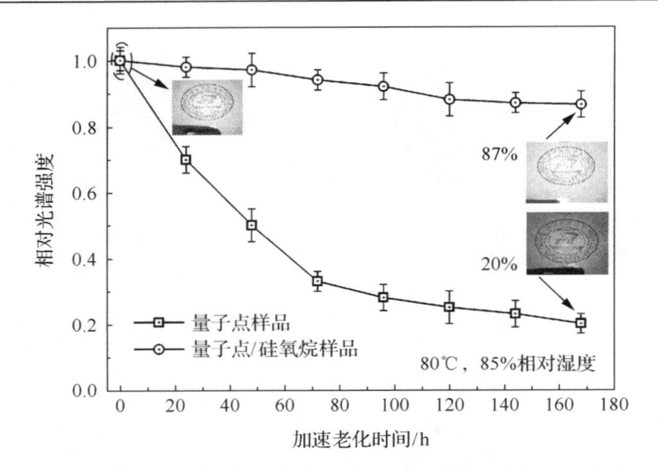

图 6-22　样品在加速老化过程中红光光谱的强度衰减曲线

如图 6-23 所示，显示了制备得到的混合式白光 LED 和分离式白光 LED 在日光和紫外光照射下的照片，以及在 20mA 驱动电流下的光谱功率分布曲线。在封装两种白光 LED 样品时，通过调控荧光粉和量子点的比例，使两种样品呈现出了一致的光谱分布。在这个基础上，混合式白光 LED 色温为 4668K，显色指数为 R_a=91.3，R_9=93，光效 121.4lm/W；分离式白光 LED 色温为 4718 K，显色指数为 R_a=92.3，R_9=91，光效 140.7lm/W。因此，分离式封装结构可以取得比混合式结构高 15.7%的光效，这主要是得益于分离式结构可以减少量子点和荧光粉颗粒之间的重吸收损失。

(a) 分离式LED在日光和紫外光照射下的照片

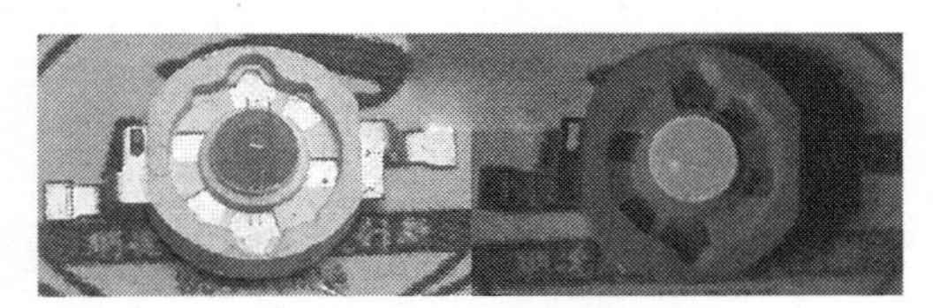

(b) 混合式LED在日光和紫外光照射下的照片

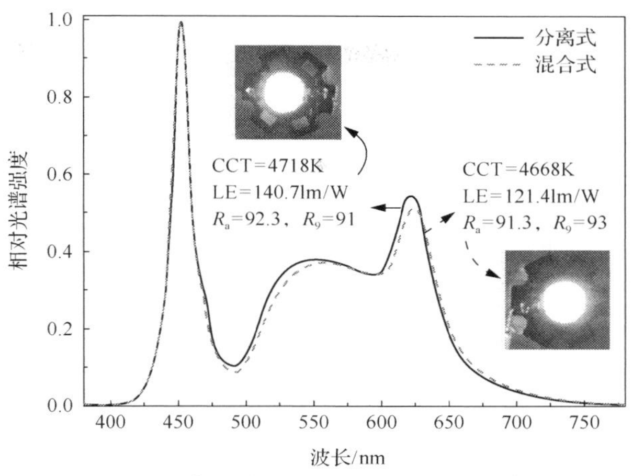

(c) 两种LED在20mA驱动下的光谱功率分布曲线

图 6-23　两种 LED 的比较

如图 6-24 所示，显示了两种白光 LED 的光效和显色指数随着驱动电流的增加而变化的过程。随着驱动电流的增加，分离式结构的光效始终高于混合式结构，并且，两种显色指数基本维持在 90 左右，较为稳定；值得指出的是，光效随着驱动电流的衰减原因，主要是 LED 芯片本身出光效率随电流增大而降低。

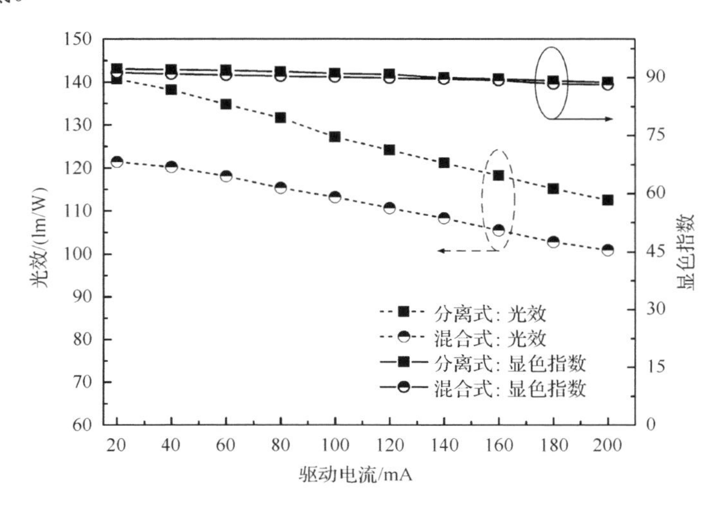

图 6-24　分离式和混合式白光 LED 样品在不同驱动电流下的光效和显色指数

为进一步地定量分析混合式结构中量子点和荧光粉之间重吸收损失，通过积分球测量混合式结构中 LED 芯片发热量、量子点/荧光粉混合胶体总发热量，以及分离式结构中量子点/硅氧烷颗粒和荧光粉胶体的总发热量。测量方法与上一节相同，在此不再重复。如图 6-25 所示，为测量得到的发热量曲线。根据测量结果，在 20mA 驱动下，重吸收损失为 3mW，在 100mA 驱动下，重吸收损失为 11.4mW，200mA 下为 17.1mW。因此，混合式结构中荧光粉与量子点的重吸收损失是随着驱动电流的增加而增加的，这也说明，本节提出的分离式结构在大的驱动电流下能避免更多光能量损失。

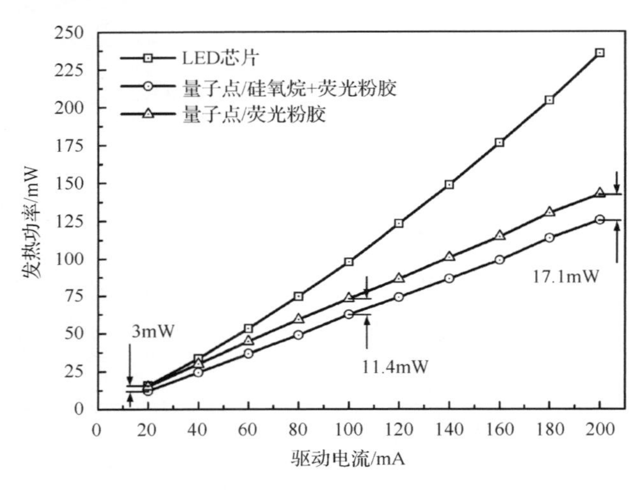

图 6-25　两种结构的白光 LED 各部分发热量

为了验证分离式结构对量子点白光 LED 热学性能的提高，接下来，同样用有限元方法模拟分离式结构和混合式结构的白光 LED 的稳态温度分布情况。与上一节的模拟步骤一致，首先需要建立两种白光 LED 的三维物理模型，如图 6-26 所示。

如表 6-2 所示，列出了两种结构的量子点白光 LED 模型中所用的材料厚度及导热系数。其中，较为关键的是量子点/硅氧烷颗粒层的导热系数。量子点/硅氧烷颗粒是典型的球形复合材料，因此这里可以采用经典的球形复合材料导热系数计算公式来得到其导热系数 K_{QSNs}：

$$K_{\mathrm{QSNs}} = \frac{k_{\mathrm{silica}} M^2}{(M-\gamma)\ln(1+M)+\gamma M} \tag{6-5}$$

式中，$M=\varepsilon_{\mathrm{p}}(1+\gamma)-1$；$\varepsilon_{\mathrm{p}}$ 为量子点材料的导热系数与硅氧烷导热系数的比值；

γ 为硅氧烷包裹厚度与量子点颗粒半径的比值；k_{silica} 为硅氧烷的导热系数。根据量子点/硅氧烷的 TEM 图片，可以计算得到其导热系数为 11.3W/(m·K)。

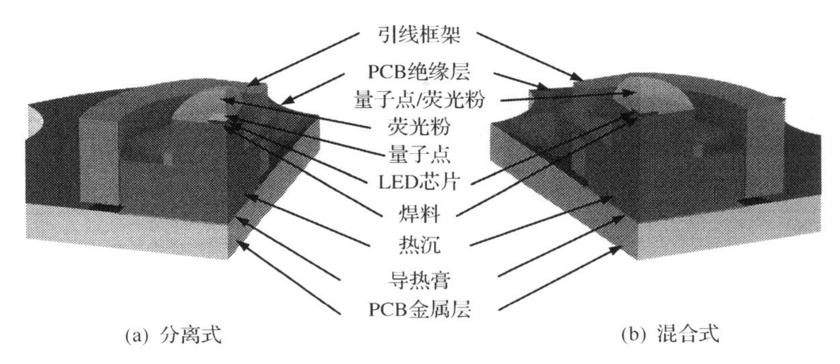

图 6-26　量子点白光 LED 的三维物理模型

表 6-2　白光 LED 模型中各层的厚度和导热系数设定

材料	厚度/mm	导热系数/(W/(m·K))
PCB 金属层	0.98	170
导热膏	0.05	5
热沉	6	170
焊料	0.05	5
LED 芯片	0.1	65.6
量子点/硅氧烷	0.0001	11.3
荧光粉	3	0.18
量子点/荧光粉	3	0.18
PCB 绝缘层	0.02	0.2
引线框架	6	0.36

在有限元模拟中，考虑到白光 LED 模型的对称性，仅取模型的四分之一进行模拟计算。由于量子点/硅氧烷层的厚度非常小，因此在对模型进行网格划分时，不再直接用四面体网格划分，而是先对该薄层的顶面进行三角形划分，随后再使用扫描的操作进行体网格划分。对其余材料的网格划分可以直接用四面体网格划分法完成。模型边界条件的设置如下：环境温度固定为 24℃，PCB 底部的自然对流换热系数设置为 10W/(m^2·K)，其余表面的自然对流换热系数设置为 8W/(m^2·K)[129]。

如图 6-27 所示，为有限元模拟得到分离式和混合式结构的量子点白光

LED 在 80mA、200mA 和 300mA 工作时的稳态温度场。从模拟结果中，可以清楚地看到，与上一节的温度分布一样，最高温度的位置均位于白光 LED 模块的最顶部，这主要是由于硅胶基质的导热系数过低，热量难以通过硅胶散发到环境中导致的。在三种驱动电流下，分离式结构白光 LED 的最高工作温度均低于混合式结构白光 LED 的最高工作温度，并且两者的温度差值随着驱动电流的增加而增加。在 80mA、200mA 和 300mA 下，两种白光 LED 模块的最高温度差值分别为 11.5℃、21.3℃和 30.3℃。因此，有限元模拟结果也证实了，本节提出的分离式量子点白光 LED 结构可以取得更低的工作温度。究其原因，是因为分离式结构有效地减少了量子点与荧光粉颗粒之间的重吸收损失，进而减少了白光 LED 模块在工作时的发热量，最终降低了白光 LED 的工作温度。

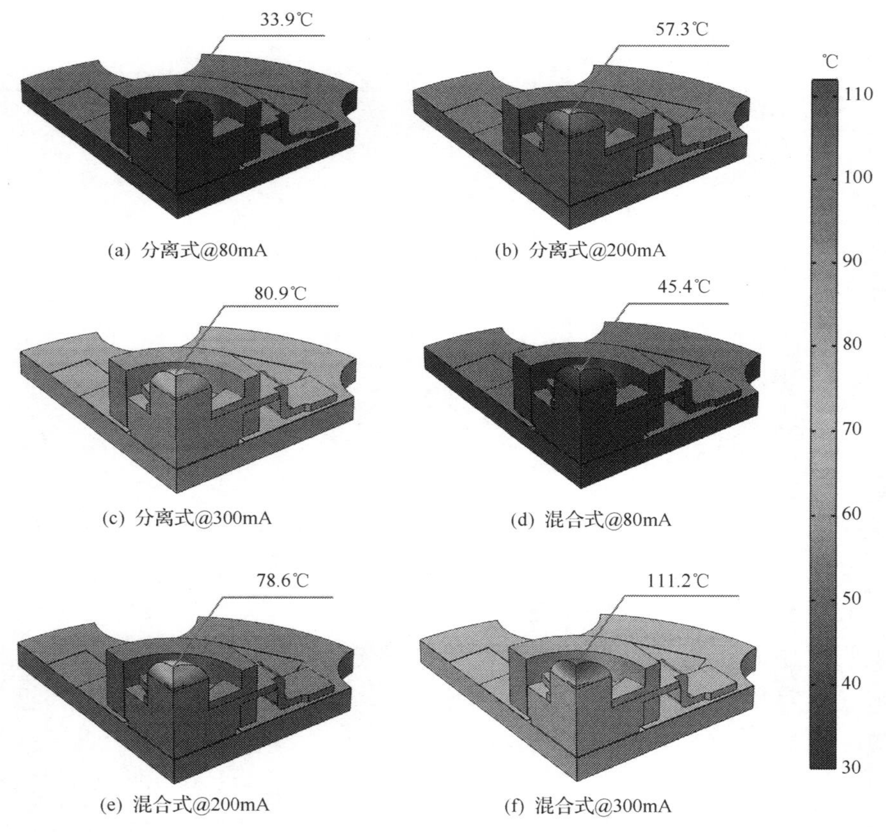

图 6-27　有限元模拟得到的量子点白光 LED 在不同电流下工作时的稳态温度场

为了验证以上的温度场模拟结果，这里同时利用红外热像仪(FLIR SC620)拍摄了两种白光 LED 的稳态表面温度分布。拍摄时，硅胶层的表面发射率设置为 0.96[130]，红外镜头与 LED 模块的距离设置为 0.3m。如图 6-28 所示，为实验拍摄得到的分离式结构和混合式结构的量子点白光 LED 在 80mA、200mA 和 300mA 工作时的稳态表面温度场(图中对应数字为白光 LED 最高温度)。从结果中可以看到，模拟的温度场与实验测得的温度场吻合良好，两者的最大

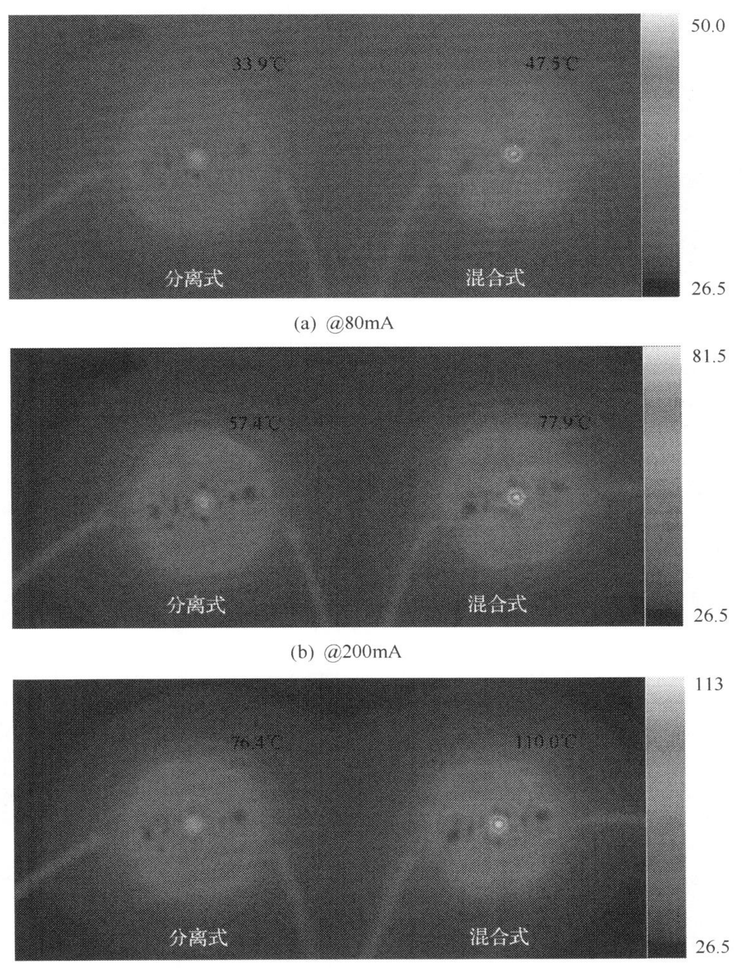

(a) @80mA

(b) @200mA

(c) @300mA

图 6-28　红外热像仪拍摄得到的量子点白光 LED 在不同电流下工作时的稳态表面温度场

图中对应数字为白光 LED 最高温度

相对误差不超过 5.9%。因此，通过实验，也证实了分离式结构白光 LED 的最高工作温度低于混合式结构白光 LED 的最高工作温度，并且在实验测试结果中，300mA 驱动下两者的温度差达到 33.6℃。在白光 LED 的长期工作中，这么大的温度差值将会对其稳定性和寿命产生非常大的影响，分离式结构可以取得更高的光学稳定性和寿命。

受到上述分离式结构的启发，为了降低量子点白光 LED 的工作温度，可以采取其他的量子点—荧光粉分离式结构。如图 6-29 的流程图所示，先将荧光粉胶点涂在封装透镜上加热固化，随后，将量子点/硅氧烷点涂在 LED 芯片上加热使溶剂挥发，最后，在量子点和荧光粉之间填充封装胶进行热隔离，做成一种隔离式量子点白光 LED。这种隔离式结构同样可以避免量子点和荧光粉之间的重吸收问题，并且白光 LED 模块中的大部分产热源(LED 芯片和量子点)都贴近热沉，因此产生的热量可以迅速地通过热沉导出。荧光粉的产热量较少，并且一次透镜的表面积很大，因此荧光粉的热量也可以较好地散到环境中。总体而言，这种隔离式结构也有望实现低工作温度和高光学效率。

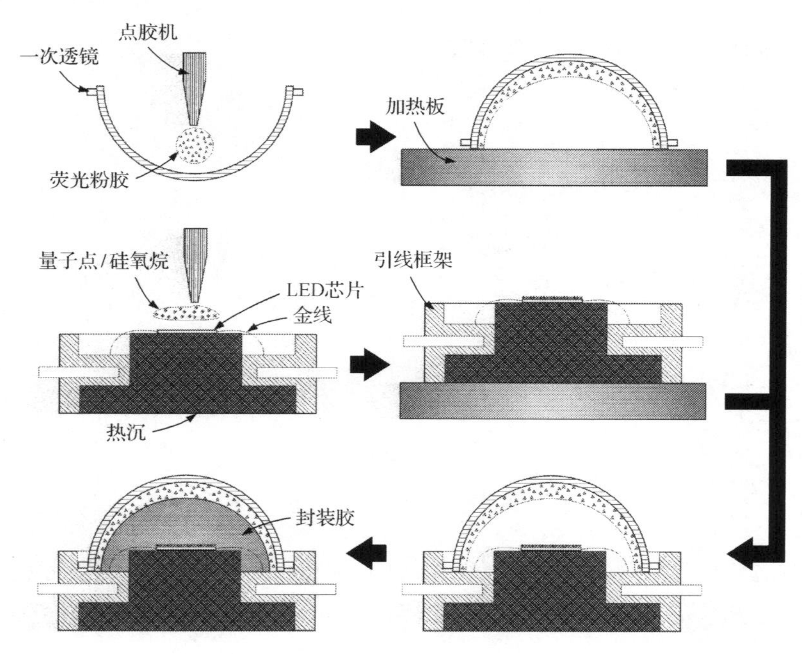

图 6-29　新的隔离式量子点白光 LED 的封装流程图

依据图 6-29 的封装流程，我们封装了新的隔离式量子点白光 LED 和传统的混合式量子点白光 LED。对比两种封装结构的光学性能，这里通过调节量子点/硅氧烷和荧光粉胶体的浓度和体积，使两种白光 LED 的发光光谱尽量接近。如图 6-30 所示，为测试得到的两种结构的白光 LED 的光谱分布曲线。两者的色温非常接近，均在 3800 K 附近。在 60mA 驱动时，传统的混合式白光 LED 取得了 119.5lm/W 的光效，显色指数为 R_a=93.2，R_9=90；而隔离式白光 LED 取得了 133.9lm/W 的光效，显色指数为 R_a=93.8，R_9=94，因此，隔离式白光 LED 的光效比混合式提高了 12%。这个测试结果表明，隔离式结构也同样可以减少量子点与荧光粉之间的重吸收能量损失，提高光效。

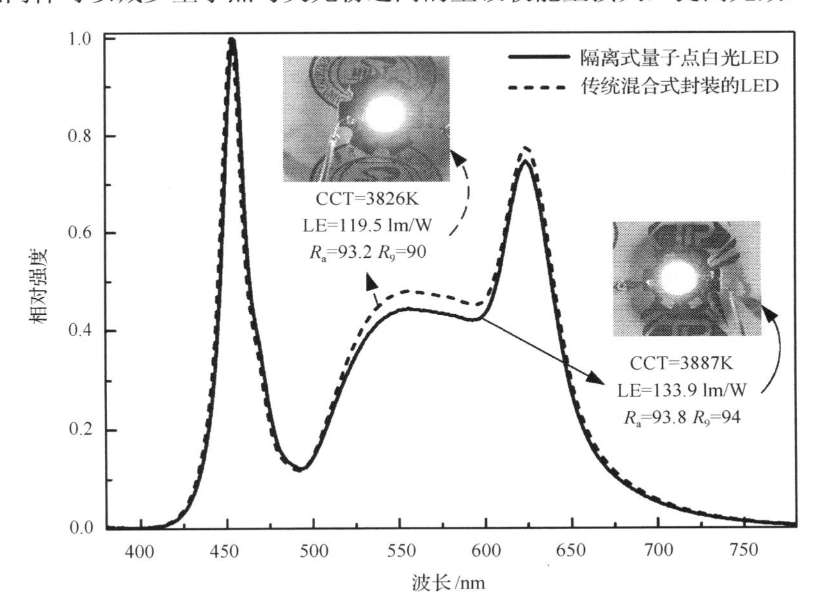

图 6-30 两种结构的白光 LED 的光谱分布曲线

插图为对应的白光 LED 样品在 60mA 下点亮的实物照片

为了得到隔离式白光 LED 的稳态工作温度场，这里首先按照上一节的方法，测试了各个材料的光能量损失，再建立其三维物理模型，最后，利用有限元模拟的方法对其温度场进行仿真。如图 6-31 所示，为有限元模拟得到的在 300mA 驱动时，隔离式白光 LED 和混合式白光 LED 的稳态工作温度场。从结果中可以看出，在隔离式白光 LED 中，最高温度也出现在整个模块的最顶端，即透镜的顶部。在同样的电流驱动下，隔离式白光 LED 的最高工作温度为 75.7℃，其中量子点层的最高温度为 64.5℃；而传统混合式白光 LED 的最高工作温度为 111.2℃，量子点的最高温度也是 111.2℃。可见，本书提出的隔离式结构可以将白光 LED 模块的最高工作温度降低 35.5℃，将量子点的最高工作温度降低 46.7℃。因此，这种隔离式白光 LED 可以更加显著地降低白光 LED 和量子点的工作温度。为验证温度场模拟的准确性，用红外热像仪测试了两种模块的稳态工作温度场，如图 6-32 所示。可以看到，模拟结果与实测结果吻合良好，最高温度的最大相对误差不超过 1%。模拟和实测的温度场均说明隔离式白光 LED 可以有效降低器件工作温度。

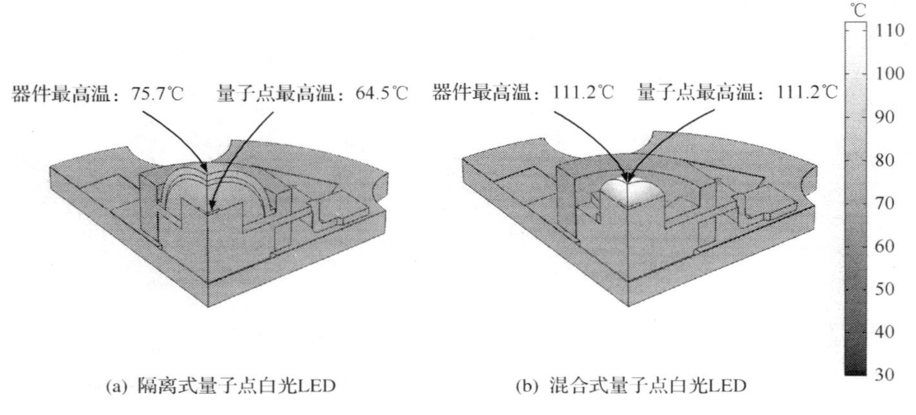

图 6-31　模拟得到的隔离式和混合式量子点白光 LED 在 300 mA 驱动下的稳态温度场

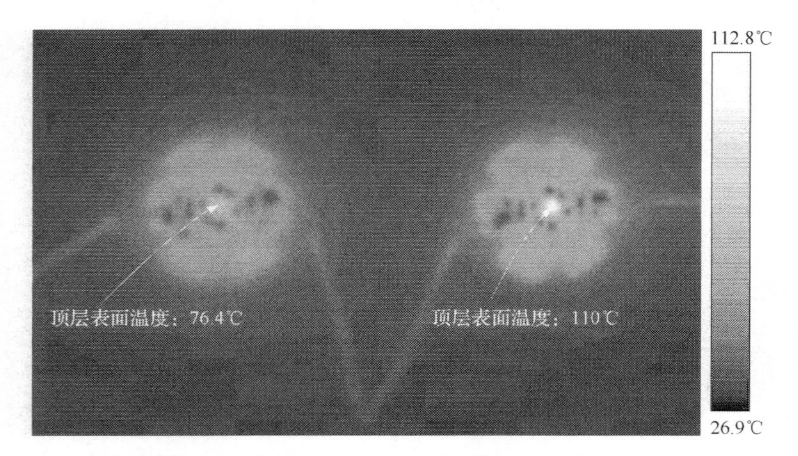

图 6-32　红外热像仪测试得到的白光 LED 在 300 mA 驱动下的稳态温度场

6.4　本章小结

光学效率和长期工作稳定性是白光LED产品在实际应用中的两个重要指标。本章旨在通过提出先进的封装策略与技术，提高白光LED的发光效率，并保证其长期工作的稳定性。首先，系统地研究了荧光粉层与量子点层封装次序和封装结构对白光LED发光效率和工作温度的影响；其次，通过在量子点膜中掺入纳米二氧化硅颗粒，显著地提升了量子点薄膜的散射性能，进而提高其光转化效率；最后，通过在量子点外表面包裹纳米级厚度的硅氧烷，并结合新的量子点—荧光粉分离式封装结构和量子点—荧光粉隔离式封装结构，有效地提高了白光LED的抗水氧能力，大幅度地降低了器件的工作温度。得到的主要结论如下：

(1)荧光粉层在下、量子点层在上的封装次序和封装结构都更有利于光能量的出射，从而提高器件的发光效率，减少光能量损失；优化的封装次序和结构可以降低器件工作温度12.3℃(60mA驱动)；

(2)当量子点薄膜中掺入纳米二氧化硅的质量分数为20%时，可将光转换效率从6.77%提高到23.68%，光转换效率提升了249%；

(3)通过在量子点颗粒的外层包裹纳米级厚度的硅氧烷，可以将量子点的抗水氧稳定性提高3倍；

(4)提出的量子点—荧光粉分离式封装结构可以将光效提高15.7%，将工作温度降低33.6℃(300mA驱动)；

(5)提出的量子点—荧光粉隔离式封装结构可以将光效提高12%，将工作温度降低35.5℃(300mA驱动)；

上述封装技术的研究和优化，对提高白光LED发光效率和长期工作稳定性提供了有效指导。

参 考 文 献

[1] Cho J, Park J H, Kim J K, et al. White light-emitting diodes: History, progress, and future. Laser & Photonics Reviews, 2017, 11 (2): 1600147.

[2] Gibney E. Nobel for blue LED that revolutionized lighting. Nature, 2014, 514:152-153.

[3] Krames M R, Ochiai-Holcomb M, Hofler G E, et al. High-power truncated-inverted-pyramid $(Al_xGa_{1-x})_{0.5}In_{0.5}P/GaP$, light-emitting diodes exhibiting >50% external quantum efficiency. Applied Physics Letters, 1999, 75 (16): 2365-2367.

[4] Yamada M, Mitani T, Narukawa Y, et al. InGaN-based near-ultraviolet and blue-light-emitting diodes with high external quantum efficiency using a patterned sapphire substrate and a mesh electrode. Japanese Journal of Applied Physics Part 2-Letters, 2002, 41 (12B): L1431-L1433.

[5] Shchekin O B, Epler J E, Trottier T A, et al. High performance thin-film flip-chip InGaN-GaN light-emitting diodes. Applied Physics Letters, 2006, 89 (7): 071109.

[6] Chang S J, Chang C A, Su Y K, et al. AlGaInP yellow-green light-emitting diodes with a tensile strain barrier cladding layer. IEEE Photonics Technology Letters, 1997, 9 (9):1199-1201.

[7] Hu R, Wang Y, Zou Y, et al. Study on phosphor sedimentation effect in white light-emitting diode packages by modeling multi-layer phosphors with the modified Kubelka-Munk theory. Journal of Applied Physics, 2013, 113 (6): 063108.

[8] Ma Y P, Hu R, Yu X J, et al. A modified bidirectional thermal resistance model for junction and phosphor temperature estimation in phosphor-converted light-emitting diodes. International Journal of Heat and Mass Transfer, 2017, 106: 1-6.

[9] 张芹.大功率 LED 模块温度湿度加速寿命试验研究.武汉：华中科技大学博士学位论文，2011.

[10] Ofweek 半导体照明网. 科锐白光功率型 LED 实验室光效突破 300 lm/W 屏障[EB/OL]. http://lights.ofweek.com/2014-03/ART-220001-8110-28791765.html,2014-03-27.

[11] Schubert E F, Kim J K. Solid-state light sources getting smart. Science, 2005, 308 (5726): 1274-1278.

[12] Shirasaki Y, Supran G J, Bawendi M G, et al. Emergence of colloidal quantum-dot light-emitting technologies. Nature Photonics, 2013, 7 (1): 13-23.

[13] Zukauskas A, Shur M, Gaska R. Introduction to solid state lighting. NewYork:John Wiley&Sons, 2002.

[14] Shur M S, Zukauskas A. Solid-state lighting: Toward superior illumination. Proceedings of the IEEE, 2005, 93 (10):1691-1703.

[15] Kim J K, Sehubert E F. Transcending the replacement paradigm of solid-state lighting. Optics Express, 2008, 16 (26):21835-21842.

[16] Crawford M H. LEDs for solid-state lighting: Performance challenges and recent advances. IEEE Journal of Selected Topics in Quantum Electronics, 2009, 15 (4):1028-1040.

[17] 王乐. 白光 LED 高校封装结构及灯具级散热机理的研究.浙江：浙江大学硕士学位论文.2012.

[18] Luo X B, Hu R, Liu S, et al. Heat and fluid flow in high-power LED packaging and applications. Progress in Energy and Combustion Science, 2016, 56: 1-32.

[19] Commission Internationale de l'Eclairage, Colormetry, Technical Report CIE 15, 2005.

[20] Kim S J, Jang H S, Unithrattil S, et al. Structural and luminescent properties of red-emitting $SrGe_4 O_9$: Mn^{4+} phosphors for white light-emitting diodes with high color rendering index. Journal of Luminescence, 2016, 172: 99-104.

[21] Lin H Y, Wang S W, C. C. Lin, et al. Excellent color quality of white-light-emitting diodes by embedding quantum dots in polymers material. IEEE Journal of Selected Topics in Quantum Electronics, 2016, 22(1): 35-41.

[22] Wang X J, Zhou G H, Zhang H L, et al. Luminescent properties of yellowish orange $Y_3Al_{5-x}SixO_{12-x}N_x$:Ce phosphors and their applications in warm white light-emitting diodes. Journal of Alloys and Compounds, 2012, 519(9): 149-155.

[23] Xie B, Hu R, Luo X B. Quantum dots-converted light-emitting diodes packaging for lighting and display: status and perspectives. Journal of Electronic Packaging, 2016, 138(2): 020803.

[24] Durmus D, Davis W. Optimising light source spectrum for object reflectance. Optics Express, 2015, 23(11):A456.

[25] Xie R J, Hirosaki N, Takeda T. Wide color gamut backlight for liquid crystal displays using three-band phosphor-converted white light-emitting diodes. Applied Physics Express, 2009, 2(2): 022401.

[26] Worthey J A. Color rendering: asking the question. Color Research & Application, 2003, 28(6): 403-412.

[27] Lougheed T. Hidden blue hazard? LED lighting and retinal damage in rats. Environmental Health Perspectives, 2014, 122(3): A81.

[28] Ham W T, Mueller H A, Sliney D H. Retinal sensitivity to damage from short wavelength light. Nature, 1976, 260(5547): 153-155.

[29] Stevens R G, Brainard G C, Blask D E, et al. Breast cancer and circadian disruption from electric lighting in the modern world. CA: A Cancer Journal for Clinicians, 2014, 64(3): 207-218.

[30] Videnovic A, Willis G L. Circadian system — A novel diagnostic and therapeutic target in Parkinson's disease? Movement Disorders, 2016, 31(3): 260-269.

[31] Commission Internationale de l'Eclairage. 2° Spectral Luminous Efficiency Function for Photopic Vision. Technical Report CIE 086, 1990.

[32] Dai Q, Hao L, Lin Y, et al. Spectral optimization simulation of white light based on the photopic eye-sensitivity curve. Journal of Applied Physics, 2016, 119(5): 053103.

[33] Bulashevich K A, Kulik A V, Karpov S Y. Optimal ways of colour mixing for high-quality white-light LED sources. Physica Status Solidi (A), 2015, 212(5): 914-919.

[34] Zhong P, He G X, Zhang M. Spectral optimization of the color temperature tunable white light-emitting diode (LED) cluster consisting of direct-emission blue and red LEDs and a diphosphor conversion LED. Optics express, 2012, 20(105): A684-A693.

[35] Commission Internationale de l'Eclairage. Color rendering of white LED light sources. Technical Report CIE 177, 2007.

[36] Ohno Y. Spectral design considerations for color rendering of white LED sources. Optical Engineering, 2005, 44(11): 111302.

[37] Davis W, Ohno Y. Color quality scale. Optical Engineering, 2010, 49(3): 033602.

[38] Davis W, Ohno Y. Development of a color quality scale. National Institute of Standards and Technology, 2005.

[39] Pousset N, Galël O, Razet A. Visual experiment on LED lighting quality with color quality scale colored samples, CIE 2010: Lighting Quality and Energy Efficiency, 2010.

[40] Internation Electrotechnical Comission. Photobiological safety of lamps and lamp systems. International Standard IEC 62471, 2006.

[41] Algvere P V, Marshall J, Seregard S. Age-related maculopathy and the impact of blue light hazard . Acta Ophthalmologica, 2006, 84(1): 4-15.

[42] Behar-Cohen F, Martinsons C, Vienot F, et al. Light-emitting diodes (LED) for domestic lighting: Any risks for the eye? Progress in Retinal and Eye Research, 2011, 30(4): 239-257.

[43] Shen Y, Xie C, Gu Y, et al. Illumination from light-emitting diodes (LEDs) disrupts pathological cytokines expression and activates relevant signal pathways in primary human retinal pigment epithelial cells. Experimental Eye Research, 2016, 145: 456-467.

[44] Tosini G, Ferguson I, Tsubota K. Effects of blue light on the circadian system and eye physiology. Molecular Vision, 2016, 22: 61-72.

[45] Oh J H, Yoo H, Park K, and Do Y R. Analysis of circadian properties and healthy levels of blue light from smartphones at night. Scientific Reports, 2015, 5: 11325.

[46] Glickman G, Levin R, Brainard G C. Ocular input for human melatonin regulation: relevance to breast cancer. Neuroendocrinology Letters, 2002, 23(S2): 17-22.

[47] Hoffmann G, Gufler V, Griesmacher A, et al. Effects of variable lighting intensities and colour temperatures on sulphatoxymelatonin and subjective mood in an experimental office workplace. Applied Ergonomics. 2008, 39(6): 719-728.

[48] Figueiro M G. A proposed 24 h lighting scheme for older adults. Lighting Research Technology, 2008, 40(2): 153-160.

[49] Kort Y A W D, Smolders K C H J. Effects of dynamic lighting on office workers: First results of a field study with monthly alternating settings. Lighting Research Technology, 2010, 42(3): 345-360.

[50] Žukauskas A, Vaicekauskas R. Tunability of the circadian action of tetrachromatic solid-state light sources. Applied Physics Letters. 2015, 106(4): 041107.

[51] Oh J H, Yang S J, Do Y R. Healthy, natural, efficient and tunable lighting: four-package white LEDs for optimizing the circadian effect, color quality and vision performance. Light Science & Applications, 2014, 3(2): E141.

[52] Dai Q, Shan Q, Lam H, et al. Circadian-effect engineering of solid-state lighting spectra for beneficial and tunable lighting. Optics Express, 2016, 24(18): 20049-20058.

[53] Prahl S A. Light transport in tissue. The University of Texas at Austin, 1988.

[54] Achtstein A W, Antanovich A, Prudnikau A, et al. Linear absorption in CdSe nanoplates: thickness and lateral size dependency of the intrinsic absorption. Journal of Physical Chemistry C, 2015, 119(34): 20156-20161.

[55] Hens Z, Moreels I. Light absorption by colloidal semiconductor quantum dots. Journal of Materials Chemistry, 2012, 22(21): 10406-10415.

[56] 程成, 徐银辉. UV 胶基底中 IV-VI 族 PbSe 纳晶量子点近红外光谱的吸收截面和辐射截面. 光学学报, 2014, 34(9): 213-218.

[57] Erdem T, Nizamoglu S, Demir H V. Computational study of power conversion and luminous efficiency performance for semiconductor quantum dot nanophosphors on light-emitting diodes. Optics Express, 2012, 20(3): 3275-3295.

[58] Vandani M R K. The effect of the electronic intersubband transitions of quantum dots on the linear and nonlinear optical properties of dot-matrix system. Superlattics and Microstructures, 2014, 76:326-338.

[59] Woo J Y, Kim K, Jeong S, et al. Enhanced photoluminance of layered quantum dot-phosphor nanocomposites as converting materials for light emitting diodes. Journal of Physical Chemistry C, 2011, 115(43): 20945-20952.

[60] Yin L Q, Bai Y, Zhou J, et al. The thermal stability performances of the color rendering index of white light emitting diodes with the red quantum dots encapsulation. Optical Materials, 2015, 42: 187-192.

[61] Shin M H, Hong H G, Kim H J, et al. Enhancement of optical extraction efficiency in white LED package with quantum dot phosphors and air-gap structure. Applied Physics Express, 2014, 7(5): 052101.

[62] Oh J H, Eo Y J, Yang S J, et al. High-color-quality multipackage phosphor-converted LEDs for yellow photolithography room lamp. IEEE Photonics Journal, 2015, 7(2):1-8.

[63] Erdem T, Kelestemur Y, Soran-Erdem Z, et al. Energy-saving quality road lighting with colloidal quantum dot nanophosphors. Nanophotonics, 2014, 3(6): 373-381.

[64] Li H T, Mao X L, Han Y J, et al. Wavelength dependence of colorimetric properties of lighting sources based on multi-color LEDs. Optics Express, 2013, 21(3): 3775-3783.

[65] Lin Y, Deng Z H, Guo Z Q, et al. Study on the correlations between color rendering indices and spectral power distributions. Optics Express, 2014, 22(S4):A1029.

[66] Zhang M H. Color temperature tunable white-light LED cluster with extrahigh color rendering. The Scientific World Journal, 2014, 2014(14): 897960.

[67] Sommer C, Wenzl F P, Hartmann P, et al. Tailoring of the color conversion elements in phosphor-converted high-power LEDs by optical simulations. IEEE Photonics Technology Letters, 2008, 20(9):739-741.

[68] Jin H, Jin S, Yuan K, et al. Two-part Gauss simulation of phosphor-coated LED. IEEE Photonics Journal, 2013, 5(4):1600110.

[69] Commission Internationale de l'Eclairage, Method of measuring and specifying colour rendering properties of light sources, Technical Report CIE 013.3, 1995.

[70] Zhang J J, Hu R, Yu X J, et al. Spectral optimization based simultaneously on color-rendering index and color quality scale for white LED illumination. Optics and Laser Technology, 2017, 88: 161-165.

[71] Deb K. An efficient constraint handling method for genetic algorithms. Computer Methods in Applied Mechanics & Engineering, 2000, 186(2):311-338.

[72] Zhong P, He G X, Zhang M H. Optimal spectra of white light-emitting diodes using quantum dot nanophosphors. Optics Express, 2012, 20(8):9122.

[73] Internation Electrotechnical Comission. Application of IEC 62471 for the assessment of blue light hazard to light sources and luminaires. Technical Report IEC 62778, 2012.

[74] Hashemi H, Yazdani K, Khabazkhoob M, et al. Distribution of photopic pupil diameter in the Tehran eye study. Current Eye Research, 2009, 34(5):378-385.

[75] International Commission on Non-Ionizing Radiation Protection. Guidelines on limits of exposure to broadband incoherent optical radiation (0.38 to 3 μm), Health Physics. 1997, 73: 539-554.

[76] American National Standard Institute / Illuminating Engineering Society of North America. Recommended practice for photobiological safety for lamps - general requirements. New York, IESNA, 1996.

[77] Pauley S M. Lighting for the human circadian clock: recent research indicates that lighting has become a public health issue. Medical Hypotheses, 2004, 63(4): 588-596.

[78] Cajochen C, Munch M, Kobialka S, et al. High sensitivity of human melatonin, alertness, thermoregulation, and heart rate to short wavelength light. Journal of Clinical Endocrinology & Metabolism, 2005, 90(3): 1311-1316.

[79] Zeitzer J M, Dijk D J, Kronauer R E, et al. Sensitivity of the human circadian pacemaker to nocturnal light: melatonin phase resetting and suppression. Journal of Physiology, 2000, 526(3): 695-702.

[80] Navara K J, Nelson R J. The dark side of light at night: physiological, epidemiological, and ecological consequences. Journal of Pineal Research, 2007, 43(3): 215-224.

[81] Blask D E, Hill S M, Dauchy R T, et al. Circadian regulation of molecular, dietary, and metabolic signaling mechanisms of human breast cancer growth by the nocturnal melatonin signal and the consequences of its disruption by light at night. Journal of Pineal Research, 2011, 51(3): 259-269.

[82] Falchi F, Cinzano P, Elvidge C D, et al. Limiting the impact of light pollution on human health, environment and stellar visibility. Journal of Environmental Management, 2011, 92(10): 2714-2722.

[83] Gall D. Circadiane Lichtgrößen und deren messtechnische ermittlung. Licht, 2002, 54: 1292-1297.

[84] Zhang J J, Guo W H, Xie B, et al. Blue light hazard optimization for white light-emitting diode sources with high luminous efficacy of radiation and high color rendering index. Optics and Laser Technology, 2017, 94: 193-198.

[85] Tari F G, Hashemi Z. A priority based genetic algorithm for nonlinear transportation costs problems. Computers & Industrial Engineering, 2016, 96: 86-95.

[86] Dib O, Manier M, Moalic L, et al. Combining VNS with genetic algorithm to solve the one-to-one routing issue in road networks. Computers & Operations Research, 2017, 78: 420-430.

[87] Zhang J J, Xie B, Yu X J, et al. Blue light hazard performance comparison of phosphor converted LED sources with red quantum dots and red phosphor. Journal of Applied Physics, 2017, 122 (4): 043103.

[88] Yang X, Zhao D, Leck K S, et al. Full visible range covering InP/ZnS nanocrystals with high photometric performance and their application to white quantum dot light-emitting diodes. Advanced Materials, 2012, 24(30): 4180-4185.

[89] Chen O, Zhao J, Chauhan V P, et al. Compact high-quality CdSe-CdS core-shell nanocrystals with narrow emission linewidths and suppressed blinking. Nature Materials, 2013, 12(5): 445-451.

[90] Altintas Y, Talpur M Y, Unlu M, et al. Highly efficient Cd-free alloyed core/shell quantum dots with optimized precursor concentrations. Journal of Physical Chemistry C, 2016, 120(14): 7885- 7892.

[91] Pimputkar S, Speck J S, DenBaars S P, et al. Prospects for LED lighting, Nature Photonics, 2009, 3(4):180-182.

[92] Jang H S, Jeon D Y. White light emission from blue and near ultraviolet light-emitting diodes precoated with a Sr_3SiO_5:Ce^{3+}, Li^+ phosphor. Optics Letters, 2007, 32(23): 3444-3446.

[93] Hao J J, Zhou J, Zhang C Y. A tri-*n*-octylphosphine-assisted successive ionic layer adsorption and reaction method to synthesize multilayered core–shell CdSe–ZnS quantum dots with extremely high quantum yield. Chemical Communications, 2013, 49(56): 6346-6348.

[94] Sohn I S, Unithrattil S, Im W B. Stacked quantum dot embedded silica film on a phosphor plate for superior performance of white light-emitting diodes. ACS Applied Materials & Interfaces, 2014, 6(8): 5744-5748.

[95] Kim J H, Yang H. White lighting device from composite films embedded with hydrophilic Cu(In, Ga)S_2/ZnS and hydrophobic InP/ZnS quantum dots. Nanotechnology, 2014, 25(22): 225601.

[96] Huang B, Dai Q, Zhuo N, et al. Bicolor Mn-doped $CuInS_2$/ZnS core/shell nanocrystals for white light-emitting diode with high color rendering index. Journal of Applied Physics, 2014, 116(9): 094303.

[97] Saparov B, Mitzi D B. Organic-inorganic perovskites: structural versatility for functional materials design. Chemical Reviews, 2016, 116: 4558-4596.

[98] Cho H, Jeong S H, Park M H, et al. Overcoming the electroluminescence efficiency limitations of perovskite light-emitting diodes. Science, 2015, 350(6265): 1222-1225.

[99] Byun J, Cho H, Wolf C, et al. Efficient visible quasi-2D perovskite light-emitting diodes. Advanced Materials, 2016, 28(34): 7515-7520.

[100] Chen W, Wang K, Hao J, et al. High efficiency and color rendering quantum dots white light emitting diodes optimized by luminescent microspheres incorporating. Nanophotonics, 2016, 5(4): 565-572.

[101] Boyce P R. Human Factors in Lighting, Third Edition [M]. Crc Press, 2014.

[102] Commission Internationale de l'Eclairage, Recommended system for mesopic photometry based on visual performance, Technical Report CIE 191, 2010.

[103] Hunt R W G, Pointer R M. Measuring Colour. Fourth Edition. New York: John Wiley & Sons, 2011.

[104] Zhang J J, Hu R, Xie B, et al. Energy-saving light source spectrum optimization by considering object's reflectance. IEEE Photonics Journal, 2017, 9 (2): 8200311.

[105] Xu G Q, Zhang J H, Gao G Y, et al. Solar spectrum matching using monochromatic LEDs. Lighting Research & Technology, 2016, In press.

[106] Liu Z Y, Wang K, Luo X B. Precise optical modeling of blue light-emitting diodes by Monte Carlo ray-tracing. Optics Express, 2010, 18(9): 9398-9412.

[107] Liu Z Y, Liu S, Wang K, et al. Measurement and numerical studies of optical properties of YAG: Ce phosphor for white light-emitting diode packaging, Applied Optics, 2010, 49(2): 247-257.

[108] Hu R, Luo X B. A model for calculating the bidirectional scattering properties of phosphor layer in white light-emitting diodes. IEEE Journal of Lightwave Technology, 2012, 30 (21): 3376-3379.

[109] Hu R, Zheng H, Hu J Y. Comprehensive study on the transmitted and reflected light through the phosphor layer in light-emitting diode packages. IEEE Journal on Display Technology, 2013, 9(6): 447-452.

[110] Hu R, Cao B, Zou Y, et al, Modeling the light extraction efficiency of bi-layer phosphor in white LEDs, IEEE Photonics Technology Letters, 2013, 25(12): 1141-1144.

[111] Wigand P. Double integrating spheres: a method for assessment of optical properties of biological tissues. Institution of Medicinsk Teknik, 2004.

[112] Prahl S A, Vangemert M J C, Welch A J. Determining the optical properties of turbid media by using the adding-doubling method. Applied Optics, 1993, 32(4): 559-568.

[113] Press W H, Teukolsky S A, Vetterling W T, et al. Numerical Recipes. Revised edition. London: Cambridge University Press, 1986.

[114] Li C, Chen W, Wu D, et al. Large stokes shift and high efficiency luminescent solar concentrator incorporated with $CuInS_2$/ZnS quantum dots. Scientific Reports, 2015, 5: 17777.

[115] Chen W, Wang K, Hao J J, et al. Highly efficient and stable luminescence from microbeans integrated with Cd-free quantum dots for white-light-emitting diodes. Particle and Partical Systems Characterization, 2015, 32, 922-927.

[116] Coe-Sullivan S, Liu W H, Allen P, et al. Quantum dots for LED downconversion in display applications. ECS Journal of Solid State Science and Technology, 2013, 2(2): R3026–R3030.

[117] Phillips J M, Coltrin M E, Crawford M H, et al. Research challenges to ultra-efficient inorganic solid-state lighting. Laser Photonics Reviews, 2007, 1(4): 307–333.

[118] Wang S M, Chen X, Chen M X, et al. Improvement in angular color uniformity of white light-emitting diodes using screen-printed multilayer phosphor-in-glass. Applied Optics, 2014, 53(36): 8492-8498.

[119] Chen L Y, Cheng W C, Tsai C C, et al. High-performance glass phosphor for white-light-emitting diodes via reduction of Si-Ce3+: YAG inter-diffusion. Optical Materials Express, 2014, 4(1): 121-128.

[120] Jang J W, Kim J S, Kwon O H, et al. UV-curable silicate phosphor planar films printed on glass substrate for white light-emitting diodes. Optics Letters, 2015, 40(16): 3723-3726.

[121] Luo Z Y, Chen H W, Liu Y F, et al. Color-tunable light emitting diodes based on quantum dot suspension. Applied Optics, 2015, 54(10): 2845-2850.

[122] Kim J H, Song W S, Yang H. Color-converting bilayered composite plate of quantum-dot-polymer for high-color rendering white light-emitting diode. Optical Letters, 2013, 38(15): 2885-2888.

[123] Woo J Y, Kim K, Jeong S, et al. Thermal behavior of a quantum dot nanocomposite as a color converting material and its application to white LED. Nanotechnology, 2010, 21(49): 495704.

[124] Xie B, Chen W, Hao J J, et al. Structural optimization for remote white light-emitting diodes with quantum dots and phosphor: packaging sequence matters. Optics Express, 2016, 24(26):A1560-1570.

[125] Krumer Z, Pera S J, R. Van-Dijk-Moes J A, et al. Tackling self-absorption in luminescent solar concentrators with type-II colloidal quantum dots. Solar Energy Materials and Solar Cells, 2013, 110(0): 57-65.

[126] Sahin D, Ilan B, Kelley D F. Monte-Carlo simulations of light propagation in luminescent solar concentrators based on semiconductor nanoparticles. Journal of Applied Physics, 2011, 110(3): 033108.

[127] Xie B, Hu R, Yu X J, et al. Effect of packaging method on performance of light-emitting diodes with quantum dots phosphor. IEEE Photonics Technology Letters, 2016, 28 (10): 1115-1118.

[128] Kim J H, Shin M W. Thermal behavior of remote phosphor in light-emitting diode packages. IEEE Electron Device Letters, 2015, 36 (8): 832–834.

[129] Hu R, Luo X B, Zheng H. Hotspot location shift in the high-power phosphor-converted white light-emitting diode packages. Japanese Journal of Applied Physics, 2012, 51 (9S2): 09MK05.

[130] Hu R, Fu X, Zou Y, et al. A complementary study to 'Toward scatter-free phosphors in white phosphor-converted light-emitting diodes': comment. Optics Express, 2013, 21 (4): 5071-5073.

[131] Yoon G, Welch A J, Motamedi M, et al. Development and application of three-dimensional light distribution model for laser irradiated tissue. IEEE Journal of Quantum Electronics, 1987, 23 (10): 1721-1733.

[132] Xie B, Cheng Y H, Hao J J, et al. Thermal analysis of white light-emitting diodes structures with hybrid quantum dots/phosphor layer. 16th IEEE Intersociety Conference on Thermal and Thermomechanical Phenomena in Electronic Systems, 2017, Orlando, USA.

[133] Lan Y C, Lin C L, Wang W S, et al. Improving efficiency and light quality of white LEDs by adding ZrO2 nano-particle and red phosphor in encapsulant. 5th International Symposium on Next-generation Electronics, 2016,Hsinchu.

[134] Zhuo N Z, Zhang N, Li B C, et al. Investigation of photo-chromic properties of remote phosphor film and white light emitting diode mixed with TiO2 particles. Acta Physica Sinica, 2016, 65: 058501.

[135] Zhu Y M, Chen W, Hu J Y, et al. Light conversion efficiency enhancement of modified quantum dot films integrated with micro SiO2 particles. Journal of Display Technology, 2016, 12: 1152-1156.

[136] Cheng Y H, Xie B, Ma Y P, et al. Silica Doped Quantum Dots Film with Enhanced Light Conversion Efficiency for White Light Emitting Diodes. 18th International Conference on Electronic Packaging Technology, 2017, Harbin, China.

[137] Tamborra M, Striccoli M, Comparelli R, et al. Optical properties of hybrid composites based on highly luminescent CdS nanocrystals in polymer. Nanotechnology, 2004, 15 (4): S240–S244.

[138] Zhang H, Cui Z, Wang Y, et al. From water-soluble CdTe nanocrystals to fluorescent nanocrystal-polymer transparent composites using polymerizable surfactants. Advanced Materials. 2003, 15 (10): 777–780.

[139] Zhao B, Yao X, Gao M, et al. Doped quantum dots@silica nanocomposites for white light-emitting diodes. Nanoscale, 2015, 7 (41): 17231–17236.

[140] Zhou C, Shen H, Wang H, et al. Synthesis of silica protected photoluminescence QDs and their application for transparent fluorescent films with enhanced photochemical stability. Nanotechnology, 2012, 23 (42): 425601.

[141] Selvan S T, Tan T T, Ying J Y. Robust, non-cytotoxic, silica-coated CdSe quantum dots with efficient photoluminescence. Advanced Materials, 2015, 17 (13): 1620-1625.

[142] Zhang T , Stilwell J L, Gerion D, et al. Cellular effect of high doses of silica-coated quantum dot profiled with high throughput gene expression analysis and high content cellomics measurements. Nano Letters, 2006, 6 (4): 800-808.

[143] Jun S, Lee J, Jang E. Highly luminescent and photostable quantum dot-silica monolith and its application to light-emitting diodes. ACS Nano, 2013, 7 (2): 1472-1477.